中国博士后科学基金项目成果

陕西高校青年杰出人才支持计划成果

U0555929

跨域生态环境协同治理信息资源开放共享机制与政策路径研究

——以沿黄河九省(区)跨域生态治理为例

司林波 宋兆祥 张 雯 著

燕山大学出版社

·秦皇岛·

图书在版编目(CIP)数据

跨域生态环境协同治理信息资源开放共享机制与政策路径研究;以沿黄河九省(区)跨域生态治理为例/司林波,宋兆祥,张雯著.—秦皇岛:燕山大学出版社,2022.12
ISBN 978-7-5761-0429-5

Ⅰ.①跨… Ⅱ.①司… ②宋… ③张… Ⅲ.①生态环境—环境综合整治—研究 Ⅳ.①X321

中国版本图书馆 CIP 数据核字(2022)第 243918 号

跨域生态环境协同治理信息资源开放共享机制与政策路径研究
——以沿黄河九省(区)跨域生态治理为例
KUAYU SHENGTAI HUANJING XIETONG ZHILI XINXI ZIYUAN KAIFANG GONGXIANG JIZHI
YU ZHENGCE LUJING YANJIU

司林波 宋兆祥 张 雯 著

出 版 人:陈 玉			
责任编辑:孙志强		策划编辑:孙志强	
责任印制:吴 波		封面设计:刘馨泽	
出版发行 燕山大学出版社 YANSHAN UNIVERSITY PRESS		电 话:0335-8387555	
地 址:河北省秦皇岛市河北大街西段 438 号		邮政编码:066004	
印 刷:涿州市般润文化传播有限公司		经 销:全国新华书店	

开 本:710 mm×1000 mm 1/16		印 张:14.25	
版 次:2022 年 12 月第 1 版		印 次:2022 年 12 月第 1 次印刷	
书 号:ISBN 978-7-5761-0429-5		字 数:238 千字	
定 价:58.00 元			

目　　录

第1章 绪 论

1.1 研究背景与研究意义

1.1.1 研究背景

自第二、第三次工业革命以来,生产效率的显著提升促使全球范围内各国各地区的人口规模和经济体量迅猛增长。随着各国的经济发展与全球经济体的持续扩张,人类社会对于生态环境中自然资源的需求量也水涨船高,包括森林、土地、水体、矿产等在内的支撑人类社会生产生活的关键自然资源。然而,随之出现的过度开发和破坏污染行为对生态环境体系造成重大压力,并直接导致了生态环境的严重恶化。由此造成的生态环境外部性、空间外延性破坏,使跨域性、复杂性和复合性的生态环境污染已超越了局部、个体行政单位能够单独完成治理工作并达成治理目标的能力范围,需要增强国家和政府的治理能力,以践行数字化发展理念的方式,化解发展与治理困境,从而加强国家和地区的前进动力。在此研究背景下,合理、科学、系统地分析、设计高效高质的环境治理机制与实现路径研究已经成为各国政府和全球学术界共同关注的问题。因此,具有不同利益需求的政府、企业、社会等组织要素间,存在着相同的生态环境治理价值追求,这为跨域生态环境协同治理提供了实践条件,而跨域生态环境协同治理信息资源开放共享已成为实现跨域环境治理目标的重要前提,推进生态环境信息资源开放共享已成为跨域生态环境协同治理的必然要求①。

不仅如此,我国第十二个五年规划期间,我国数字信息行业逐步发展扩大,数字信息交互与互联网技术发展繁荣,积累了丰厚的数据资源,使数据、信息成为社会创新和国家治理的新驱动、新能源,而数据科学与计算机科学的迭代发展和广泛探索、应用,亦为跨域生态环境协同治理信息资源开放共

---

① 司林波,王伟伟.跨域生态环境协同治理信息资源开放共享机制构建:以京津冀地区为例
  [J].燕山大学学报(哲学社会科学版),2020,21(3):96-106.

享目标实现的可能性与工作开展的有效性提供了技术层面的基础与前提。2015年,我国明确了协同治理信息资源开放共享的发展战略,同年国务院印发了《国务院关于印发促进大数据发展行动纲要的通知》,从战略层面上提出了通过推进大数据的发展,提升政府治理能力,并且利用基于数据的治理理念,建立"用数据说话、用数据决策、用数据管理、用数据创新"的管理机制,从而逐步推动、优化、完善中央与地方政府的管理理念和治理思路①。2016年我国已初步建立了统一完整的基础信息资源开放共享体系,同年,在全球有50多个国家和地区已经建立国家和地方级别的数据开放共享平台的时代背景下,《国务院关于印发"十三五"国家信息化规划的通知》提出中国也需要开始计划、制定、实施政府数据开放共享的标准和信息清单,按计划、高质量地推进数据开放计划,并逐步实现包括交通、环境、气象、地理、科技、卫生、就业、社保等领域的数据监管与开放共享,从而以大数据资源内在的增殖能力、公益能力和创新能力,带动各类组织主体促进对治理信息资源进行创新开发利用②。2021年年底至2022年年初期间,随着我国第十三个五年规划期间数字经济发展战略的深入贯彻,数字信息基础设施的不断完善,我国中央和地方数字政府的建设成效显著,在此基础上,《"十四五"推进国家政务信息化规划》和《国务院关于印发"十四五"数字经济发展规划的通知》更进一步地提出了优化迭代数字信息开放共享的治理机制,充分发挥各类数据要素作用,包括强化政府层面的高质量数据要素供给,并且在已有数字政府建设成果的基础上,建立健全国家公共数据信息资源体系,进而通过统筹公共数据资源的开发利用,推动我国基础公共数据高效高质开放共享,即通过提升治理数据的开放共享水平,

---

① 中华人民共和国国务院. 国务院关于印发促进大数据发展行动纲要的通知:国发〔2015〕50号〔EB/OL〕. (2015-09-05)〔2022-03-26〕. http://www. gov. cn/zhengce/content/2015-09/05/content_10137. htm.

② 中华人民共和国国务院. 国务院关于印发"十三五"国家信息化规划的通知:国发〔2016〕73号〔EB/OL〕. (2016-12-27)〔2022-03-26〕. http://www. gov. cn/zhengce/content/2016-12/27/content_5153411. htm.

激发释放数据创新和发展红利[1][2][3]。

1.1.2 研究意义

（1）学术意义

本研究的主要学术价值：① 本研究在充分论证科学性与可行性的基础上，通过构建跨域协同治理视阈下生态环境信息资源开放共享的指标体系，通过多元最小二乘回归（OLS）明确指标间单向影响效应，随后向实验室决策法（DEMA-TEL）模型输入基于单项影响效应构建的综合影响矩阵，得到指标体系内各指标的原因度与重要性，其后根据实验室决策法模型的输出结果，转而输入至对抗解释结构（AISM）模型中，进而最终以多种方法联用的质性分析得到生态环境信息资源开放共享相关因素间的因果关系和逻辑关联。② 本研究通过聚焦"跨域""信息资源"和"开放共享"概念，将目标管理理论、协同治理理论、价值共创理论结合嵌入技术-组织-环境（TOE）分析框架，丰富拓展了生态环境协同治理与信息资源开放共享的理论研究，并能够进一步为以跨域生态环境协同治理为目的的信息资源开放共享机制的实践对策分析提供有效的分析工具、理论支撑与逻辑参考。

（2）应用意义

本研究的主要应用价值：① 本研究建立的生态环境信息资源开放共享多级递阶结构模型和针对模型构建结果分析规划的政策路径，可以为相关部门实施以目标管理为手段、以信息资源开放共享为目标、以生态环境协同治理为战略的跨域协同治理视阈下生态环境信息资源开放共享实践工作提供方案参考和理论

---

① 中华人民共和国国务院. 国家发展改革委关于印发"十四五"推进国家政务信息化规划的通知：发改高技〔2021〕1898 号〔EB/OL〕. (2022-01-06)〔2022-03-26〕. http://www. gov. cn/zhengce/zhengceku/2022-01/06/content_5666746. htm.

② 中华人民共和国国务院. 国务院关于印发"十四五"数字经济发展规划的通知：国发〔2021〕29 号〔EB/OL〕. (2022-01-12)〔2022-03-26〕. http://www. gov. cn/zhengce/content/2022-01/12/content_5667817. htm.

③ 中央网络安全和信息化委员会. "十四五"国家信息化规划〔EB/OL〕. (2021-12-28)〔2022-03-26〕. http://www. gov. cn/xinwen/2021-12/28/5664873/files/1760823a103e4d75ac681564fe481af4. pdf.

支撑,更可以为党和政府解决当前跨域生态环境高效协同治理这一难题提供来自数据治理和系统工程领域的实践对策建议与参考。② 本研究通过构建、应用基于目标管理、协同治理和价值共创理论相结合的 TOE 分析框架,针对跨域协同治理视阈下生态环境信息资源开放共享指标体系与实验室决策法-对抗解释结构联用模型进行分析研究,通过明确开放共享实践工作中各个指标间的因果关系和逻辑关联,根据模型构建结果为有关部门和组织在《"十四五"推进国家政务信息化规划》所要求的任务目标下,有针对性地为我国生态环境信息资源开放共享提供科学有效的参考。

1.2　国内外研究现状述评

随着国内外政府与社会对生态环境跨域协同治理要素和模式的聚焦与实践,已有的治理成果已经初步表明通过对目标治理领域信息资源的开放共享,能够为发展和治理目标的实现进行高效赋能,并能够使生态环境信息资源开放共享成为实现跨域治理目标的重要手段之一。在学术界,近年来国际和国内的学者均逐步将研究转向包括生态环境跨域协同治理信息资源开放共享的分析框架、运行机制、实践模式、影响因素等领域当中,并形成了各具特色的研究成果与研究结论。本研究基于使用文献计量网络关键词共现算法的 VOSviewer 文献可视化分析软件①,对 Web of Science(WOS)数据库中 SSCI 来源期刊自 2017 年以来刊载的 3 800 篇国际文章以及 CNKI 知网中文文献数据库中社科来源期刊自 2017 年以来 3 780 篇中文文献进行统计和文献分析,以求从更为直观和综合的视角反映出当前国际与国内针对生态环境跨域协同治理视阈相关的信息资源开放共享研究主题、研究侧重、研究力量和发展趋势等状态,并为后续学者更深入、更有针对性的研究思路与框架提供具有参考价值的信息与分析。

1.2.1　国内外文献来源、分析方法与分析工具

(1)国内外文献来源

本研究的英文文献数据来源于 Web of Science 核心合集(SSCI 期刊数据

---

① NEES J E,LUDO W. Software Survey: VOSviewer, a Computer Program for Bibliometric Mapping[J]. Scientometrics,2010(2):523-538.

库),检索起止时间为 2017 年 1 月至 2022 年 3 月,以 environmental collaborative governance(生态环境协同治理)、open data(数据开放)、data sharing(数据共享)、e-government(数字政务)为联合关键词进行主题检索,同时筛选移除包括讯息、会议综述和新闻简讯等文献,以提升最终分析和聚类结果的客观性、准确性,最终确定了样本数量为 3 800 篇的 SSCI 收录文章。本研究中的中文文献数据来源于中国知网 CNKI 社科研究中文文献数据库,检索的起止时间与英文文献检索相对应,检索时间跨度为 2017 年 1 月 1 日至 2022 年 3 月 31 日,以生态环境协同治理、治理数据开放共享、信息开放共享为关键词,检索与研究主题相关文献,移除报纸、会议文献后,形成样本数量为 3 780 篇的中文文献集合。

（2）分析方法与工具

随着文献分析和知识图谱技术的迅猛发展与持续创新,基于统计学算法的文献和研究分析软件被广泛应用至学术研究领域。VOSviewer 是荷兰莱顿大学科技研究中心(CWTS)的 Van Eck 和 Waltman 于 2009 年开发的基于 Java 语言的分析软件,主要面向文献数据,适应于无向网络的分析,侧重文献研究与文献计量的可视化,该软件通过高级布局和聚类技术,提供最先进的网络布局和网络集群技术,该软件可以使用各种参数对布局和聚类结果进行微调,同时嵌入了自然语言处理技术,并用于基于英语文本数据创建术语共现网络,网络和文献中记载的相关和非相关术语可以通过算法进行区分,从而能够以多维、多元的可视化表现,展现出高效、客观、准确的科研领域数据和科技文本计量状态,此外,该软件还可创建文献计量网,从而梳理目标科研领域发展脉络与学科动态①。VOSviewer 具有图谱兼备的双重特性,能够以具体可视的状态呈现出文献数据集当中各个信息实体之间的网络、联结、特性、结构与衍生体系。本研究利用 VOSviewer 软件进行关键词有向图与关联度聚类等方面的分析,厘清国内外关于跨域协同治理视角下生态环境信息资源开放共享研究图景与研究视界。

1.2.2　国际研究现状述评

本研究通过提取已检索文献中罗列的研究关键词与主题词,以关键词作为

---

① VOSviewer. Highlights [EB/OL]. [2022-03-30]. https://www.vosviewer.com/features/highlights.

文献研究的聚焦方向与涉及领域,并以此折射文章的主题、要素与内容;通过分析国际国内文献研究的关键词,进而高效把握本领域的研究现状与涵盖范围。本研究使用 VOSviewer 进行基于关键词的聚类分析,设置算法类型为 Co-occurrence,计算方式为 Full counting,分析单元选项为 Authors,设置共现词数量总数不低于 15 次,经由词语对照直接翻译后,分别生成得到了总计为 61 个英文文献关键词国际学界研究知识图谱和 70 个中文文献关键词的国内学术成果知识图谱(见图 1.1、图 1.2)。图谱中节点(圆点)面积大小代表该关键词在网络聚类中的程度中心性(Degree Centrality),各个节点之间的连线代表着节点之间关键词的共现频次,连线的粗细反映着贡献频次的多少,连线的长短(即节点间的距离)代表着共现词间关联的紧密程度,而各个节点的颜色则代表着其聚类的隶属关系。

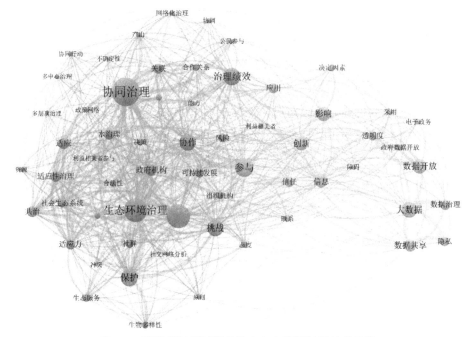

图 1.1　国际相关领域研究热点与主题关键词共现网络

由图 1.1 可知国际领域相关研究情况主要被分为两个聚类:一是生态环境协同治理的相关研究(后称"聚类 1.1");二是基于数字治理的信息开放与信息共享问题研究(后称"聚类 1.2")。两个聚类之间具备着较为显著和广泛的关联与联系,构成了关于国际生态环境协同治理数据信息开放共享的研究主题与涉及领域。

聚类1.1:从中心词来看,在本聚类中,"生态环境治理""协同治理""治理绩效"与"保护"构成了该聚类中的主要中心词,并且可以观察到生态环境的协同治理和治理绩效间具备着显著的联系和较为紧密的距离,其他要素诸如"合作关系""阻力""协作""可持续发展""适应性治理"和"生态服务"等主题词构成了本领域内的相关细分研究方向与关注点。从整体关系网上来看,本聚类的各个主题词要素基本构成了紧密联结和充分互通的椭圆型联系网,关系网内的要素密度基本分散与平均,没有过分密集或极度稀疏的现象出现。从聚类之间的联结与关系来看,在本聚类中与聚类1.2之间的联系节点主要是"网络化治理""公民参与""治理绩效""利益相关者""风险""可持续发展""组织机构""挑战""原则"和"态度"等聚焦点。

聚类1.2:从中心词来看,在本聚类中"大数据""数据开放""参与""影响""数据共享""透明度"和"数据治理"构成了本聚类的关键中心词,同时可以发现与"大数据"为中心的研究领域和以"参与"为中心的研究领域是本聚类的两个主要成分,尽管二者之间各自形成了联系关系显著的子研究领域,但是二者之间的紧密程度(即中心节点间的距离)较大,呈现出了分散稀疏的多中心特点。从整体关系网上来看,聚类1.2的各个主题词之间的联系与紧密度较低,且分布呈现出条形和去中心化的倾向,研究的中心主题词与其他主题词之间的差距偏小,且各个主题词之间联系的互通程度较为一般。从聚类之间的联结与关系来看,本聚类中与聚类1.1之间的主要联系节点是"决定因素""应用""参与""信任""信息""联系"等主题词。

国际范围内普遍认为在生态环境跨域治理中,信息资源已经成为人类在环境保护实践中认识问题和解决问题所必需的一种可供开放共享的资源,因此对信息资源开放共享的研究有利于提高跨域生态环境治理成效,促进治理资源的合理配置,避免信息流通过程中的重复与浪费,从而有效激发信息资源的创新价值、降低沉默成本。国际学界目前关于跨域协同治理领域生态环境信息资源开放共享的研究主要有三个方面:

一是生态环境协同治理信息资源开放共享的多元参与主体研究。Matt(2011)指出生态环境不断恶化的趋势下,大规模、多元化的部门和机构建立后,提高这些组织效率的关键在于建立具有明确检验和评估标准的长效信息资源开放共享机制,同时,在信息获取层面,为获得更多来源的生态环境协同治理所需的信息资源,社会基层组织是一股不可忽略的力量,主体部门可以通过协同在生态环境保护领域各个层面中具有代表性的政府部门、社会组织以及学术团体和个人,以多元主体协同的模式共同开拓、挖掘可供开放共享的信息资源①。Chonnikarn(2013)指出企业积极参与生态环境领域的信息资源开放共享对其自身发展有着重要意义,相对于社会其他组织来说,企业自身更了解和熟悉其业务上下游的环保数据和关键要素,因此企业主动承担社会责任,有助于推动与经营活动相关的环境数据开放共享,并能够及时了解政府部门的政策变化,从而能够更有效地应对政府在环境治理领域的监管要求,进而快速调整企业决策,以获得竞争优势②。

二是生态环境协同治理信息资源开放共享机制的研究。Caroline(2013)指出,生态环境协同治理中多元参与主体的价值观、世界观差异能够显著阻碍生态环境信息资源开放共享的推进与深化,在此基础上形成的生态环境治理共识与信息资源开放共享方案有极大的可能导致部分有价值的观点和信息资源的利用价值被筛除或低估,进而降低开放共享行动释放数字红利的潜能③。Lai(2015)从资源依赖的角度研究了与供应链伙伴在交易情境下进行环境管理信息共享的绩效价值,发现与供应商共享生态环境保护和治理的信息资源能够为企业自身带来相当的成本效益和环保效益④。Johnson(2018)对跨国境的生态环境信息资源开放共享动机进行了论述,该学者考察了不同国家间主动披露或公开生态环境相关信息资源的前提与条件,并且得出了地区间信息资源流通的效率和收益

---

① MATT K, ANDREW S P. Realizing an Effectiveness Revolution in Environmental Management [J]. Journal of Environmental Management, 2011(92):2130-2135.

② CHONNIKARN J, MICHAEL W T. Engaging Supply Chains in Climate Change [J]. Manufacturing & Service Operations Management, 2013, 15(4):559-577.

③ CAROLINE L N, LAURA A L, MARK W A. Environmental Worldviews: A Point of Common Contact, or Barrier? [J]. Sustainability, 2013(5):4825-4842.

④ LAI K, CHRISTINA W, JASMINE S L. Sharing Environmental Management Information with Supply Chain Partners and The Performance Contingencies on Environmental Munificence [J]. Int. J. Production Economics, 2015(164):445-453.

与当局环境政策的可预测性成正比,同时地区的环境政策可预测性常常随着当地环境风险水平的增加而降低。

三是生态环境协同治理信息资源开放共享策略的研究①。Moller 等(2009)指出,国际成功的案例表明生态环境协同治理过程中,多元主体以及协同治理参与组织间互信和尊重的建立往往是最为耗时和必要的,已有的成功实践已经表明了在信息资源开放共享目标实现的过程中,通过加强多元主体间的正式和非正式互动行为,有助于增加交流机会,从而有效建立协同治理参与主体间的舒适感、归属感和信任感②。Thomas(2017)指出,在协同治理领域中的信息资源开放共享实践中,组织间的关系至关重要,所有参与主体对于治理共识和目标实现方案层面的承诺也必不可少,任何信息资源开放共享的准备阶段中,必须发展参与主体间健康有效的信任和协同关系,而跨域交流、会议讨论以及分享当地的经验和资源是促进协同治理主体间建立信任和尊重的有效途径③。

1.2.3 国内研究现状述评

信息资源开放共享作为跨域生态环境治理目标实现的重要推动因素,对我国各个组织部门开展生态环境治理工作具有非常重要的价值功能,目前关于我国跨域治理信息资源开放共享的专门研究相对较少,大多融合在关于政府数据开放和共享的一般性研究中。由图 1.2 可知国内学者对于相关主题的研究情况可以分为两个聚类:一是我国生态环境协同治理的相关研究(后称"聚类 2.1");二是基于我国治理数据信息开放共享的主题研究(后称"聚类 2.2")。两个聚类之间存在一定程度上的联结和关系,并基本上明确了关于我国生态环境治理数据信息开放共享的研究主题和关注领域。

① JOHNSON K,ERIK P J. Information Exchange and Transnational Environmental Problem [J]. Environ Resource Econ,2018(71):583-604.
② MOLLER B,BRAGG C,NEWMAN J,et al. Guidelines for Cross-Cultural Participatory Action Partnerships:a Case Study of Customary Seabird Harvest in New Zealand [J]. New Zealand Journal of Zoology,2009(36):211-241.
③ THOMAS F T,ADELA M S. Collaborative Engagement of Local and Traditional Knowledge and Science in Marine Environments:A Review [J]. Ecology and Society,2017(3):56-70.

图 1.2　国内相关领域研究热点与主题关键词共现网络

聚类 2.1：在中心词的层面上，在本聚类中，"生态环境治理""生态环境协同治理""生态文明"与"综合治理"成为这个聚类中的关键中心词，同时得以发现在国内的研究中，生态环境、协同治理、综合治理、生态文明建设和高质量发展间的联系极为紧密和显著，尽管例如"治理对策""治理模式""治理机制"和"治理体系"等聚焦要素和上述中心词关联较显著，但这些要素和上述中心词的紧密程度则有不足，即节点间的距离较远，且节点间的相互联系较弱，基本呈现出多个具备相对独立性质的中心主题，且和中心主题相关联的子要素间缺乏有机结合。在整体关系网的层面上，聚类 2.1 中的各个中心主题词之间有形成了高显著性的关联逻辑，但是词与词之间的高度联系多为二元的而非多元的交互性联系，因此这个聚类形成了一条"线性"为主的关联网络，网络间的各个构成要素处于分中心集中但整体互联性较弱的条形关系网，部分要素距离聚类的中心较远。在聚类间关系和联结的层面上，处于聚类 2.1 内并且与聚类 2.2 相关联的节点主要是"治理机制""跨域""治理模式""多元主体""生态环境协同治理""乡村振兴""生态文明""公众参与""治理对策"和"治理体系"等主题词。

聚类 2.2：在中心词的层面上，在本聚类中"开放共享""大数据""政府数据开放""政务服务"等主题词构成了聚类中的重点中心词，并且在聚类 2.2 中，各个主题词之间的中心度基本相近，并且形成了联系紧密、距离接近的词团。在整体关系网的层面上，聚类 2.2 的各个主题词之间的联系与紧密度相对聚类 2.1 较高，且主要以"开放共享"主题词为核心，分布呈现出圆形与高度中心化的紧密关联,聚类内的主题词之间不论联系性和紧密度间都处于显著偏高的水平。在聚类间关系和联结层面上,处于聚类2.2且与聚类2.1具有主要关联的主题词有"大数据""开放共享""政府数据""政务服务""数据共享""信息共享"等。

我国学术界在关于开放共享平台建设的研究方面,王军(2021)从空间段、天际段和地表段三个数据维度出发,构建了关于流域内跨域治理的空天地一体化大数据平台框架,指出数据开放共享是治理数据一体化平台建设的重中之重①。王家耀等(2021)认为跨域治理的"智能大脑"由感知系统、储存管理系统和操作系统构成,操作系统的运行以空间信息开放共享为前提②。卢志霖等(2022)发现作为中国跨域生态环境治理的典型区域,当前黄河流域内各个城市的信息资源联系网络密度和信息流量呈现出东-中-西阶梯递减的特征,存在部分地区缺乏信息开放共享的流动迟滞③。而在关于信息资源开放共享的价值功能的研究方向中,司林波等(2017)认为,政府信息资源开放共享可以提升政府整体的治理能力、推动经济创新发展、促进民生服务普惠性、加快智慧城市建设、促进数据文化形成④。石亚军等(2020)通过构建区块链数据共享的模型,提出数据共享可以促进政务服务便民化⑤。关于信息资源开放共享的困境方面,袁刚等(2020)认为,政府信息资源整合与共享存在观念、技术、业务和管理四大困境⑥。锁利铭(2020)认为,府际信息资源开放共享具有协作与共享的双重困境,受到交易成本与风险的双重影响⑦。倪千淼(2021)则指出信息资源确权困难、法律制度缺失、

① 王军.黄河流域空天地一体化大数据平台架构及关键技术研究[J].人民黄河,2021,43(4):6-12.
② 王家耀,秦奋,郭建忠.建设黄河"智能大脑"服务流域生态保护和高质量发展[J].测绘通报,2021(10):1-8.
③ 卢志霖,赵金丽,殷冠文,等.黄河流域城市信息联系网络空间结构研究[J].济南大学学报(自然科学版),2022,36(2):155-163.
④ 司林波,刘畅,孟卫东.政府数据开放的价值及面临的问题与路径选择[J].图书馆学研究,2017(14):79-84.
⑤ 石亚军,程广鑫.区块链+政务服务:以数据共享优化政务服务的技术赋能[J].北京行政学院学报,2020(6):50-56.
⑥ 袁刚,温圣军,赵晶晶,等.政务数据资源整合共享:需求、困境与关键进路[J].电子政务,2020(10):109-116.
⑦ 锁利铭.府际数据共享的双重困境:生成逻辑与政策启示[J].探索,2020(5):126-140,193.

市场化机制不健全、隐私保护制度不完善是其主要困境①。此外,我国关于信息资源开放共享的影响因素和治理路径的研究中,闫坤如(2020)从大数据的特点入手,分析了大数据共享中可能出现的隐私悖论,认为社会信息资源开放共享与个人隐私保护是其最突出的表现②。司林波等(2021)对跨域环境信息资源开放共享问题进行了研究,指出行政壁垒、共享主体间的利益差异以及相关配套保障机制跟进滞后是制约跨域环境信息资源开放共享的关键影响要素③,并通过开展生态治理重点区域政府信息资源开放共享利用水平的评价,从平台建设、资金投入、数据开放标准、数据应用、风险防范等方面提出了完善措施④。

综合来看,国内学术领域关于跨域协同治理的生态环境数据信息开放共享聚类分析结果表明,国内关于数据信息开放共享和生态环境协同治理间的研究在紧密程度与关联性上都较弱,与二者相关的研究主要还是聚焦于主题内部,整个聚类结果呈现出整体中心分散、稀疏,细分中心紧密、互通的状态和特征,并由此反映出了近年来国内缺少关于多元研究要素间的综合性学术成果,尽管基于文献检索方法的研究主题共现词汇可视化结果表明了在当前的研究方向中存在关于数据信息开放共享与治理模式、治理机制、治理体系间的学术研究,但是其强度与综合性仍存在不足,这也是开展后续研究可以被关注与改善的部分。

1.2.4 国内外研究现状评析

根据我国政府在 2021 年 12 月发布的《"十四五"国家信息化规划》中的内容来看,在涵盖跨域生态环境协同治理在内的国家和社会治理新范式中,信息资源是指包括公共安全、应急管理、基层治理、智慧城市建设、高质量发展等能够或可

---

① 倪千淼.政府数据开放共享的法治难题与化解之策[J].西南民族大学学报(人文社会科学版),2021,42(1):82-87.
② 闫坤如.大数据的共享-隐私悖论探析[J].大连理工大学学报(社会科学版),2020,41(5):15-20.
③ 司林波,王伟伟.跨域生态环境协同治理信息资源开放共享机制构建:以京津冀地区为例[J].燕山大学学报(哲学社会科学版),2020,21(3):96-106.
④ 司林波,裴索亚.国家生态治理重点区域政府环境数据开放利用水平评价与优化建议:基于京津冀、长三角、珠三角和汾渭平原政府数据开放平台的分析[J].图书情报工作,2021(5):49-60.

能对国家战略发展、数字政府建设、治理目标实现领域产生影响的所有信息①。结合我国和国际治理理念和实践的发展现状来看，跨域生态环境协同治理的信息资源已经成为能够重塑社会主体行动模式、调动国家地区生态治理机制和影响宏观微观治理目标实现的新兴社会资源，并已经广泛地在生态环境圈和人类社会中积累了显著的信息存量，能够通过挖掘、梳理、归纳、开放和共享的形式为社会各类组织和群体所用，以兑现其内在源生的利用价值。随着国际大环境和国内发展需求与战略规划的逐步升温，在逐步建立健全数字政府和信息化治理机制的大背景下，跨域生态环境协同治理信息资源开放共享的内在机制与实现路径研究已经渐渐形成了新的研究和讨论热点，而信息资源作为跨域协同治理的基础和关键则应更为受到重视。

综上所述，学界大多数学者对跨域生态环境协同治理信息资源开放共享的研究主要集中在信息资源开放共享平台建设、信息资源开放共享的价值功能、信息资源开放共享的困境、影响因素和治理路径等方面，对跨域生态环境协同治理信息资源开放共享的探讨尚未涉及大数据技术背景下如何实现跨域开放共享的内在机理、机制构建与精准开放共享的治理层面。近年来，国际学者对本问题的研究主要是从信息隐私和数据安全的角度出发，厘清不同政务情景和文化背景下相关治理数据开放共享的程度与具体变量的选择。从治理范式的角度来看，国际学者更多地关注政府治理数据开放共享工作推进的应用层面、公众信任、社会影响和应用障碍等方面。尽管国际学者已经对治理数据信息开放共享和生态环境协同治理间的有机联系问题开展了广泛的研究，但是仍缺乏对于开放共享机制内在运行逻辑和影响因素间的系统性研究。而当前国内学者针对本问题的研究，一方面是聚焦如何从建立符合国家或区域发展特征的数字化政务治理平台的角度出发，探讨信息资源开放共享的影响和效果。另一方面从技术与政府需求的角度出发，关注如何从建立符合政府或组织发展目标和业绩实现的角度探讨数据信息开放共享的方式方法。国内学者近五年来的主要研究方向仍大多

---

① 中央网络安全和信息化委员会. "十四五"国家信息化规划[EB/OL]. (2021-12-28)[2022-03-26]. http://www.gov.cn/xinwen/2021/12/28/5664873/files/1760823a103e4d75ac681564fe481af4.pdf.

聚焦在数字政府跨域协同治理平台与信息开放共享机制建立的理论探索和技术讨论层面,一定程度上缺乏对以大数据、数据政务手段和数据信息开发共享机制实现生态环境高质量绿色发展协同治理的情景分析与路径设计。然而,随着大数据技术的发展,海量信息数据的涌入,使信息资源开放共享的难度和复杂性大大增加,粗放的开放共享模式已不符合社会发展的要求。据此,本书将基于目标管理理论、协同治理理论以及整体性治理理论的分析视角,对跨域生态环境协同治理信息资源开放共享的相关理论、内在机理、对策与路径问题进行探讨。跨域生态环境协同治理信息资源开放共享的宏观目标是推动在各地方政府和社会组织等参与协同治理的主体之间,为促进跨域全局生态保护和高质量发展实现环境治理信息资源无障碍、无阻滞、无缝隙流动,形成相互依存、彼此制约的共生关系,共同助力生态环境协同治理。在国家的战略规划和政策指导中,信息资源开放共享应该以跨域协同治理需求导向为原则,以对各主体共享行为进行留痕记录为最大特点,以实现相关信息资源定向定位流动、无缝隙对接和精准互动为宗旨,以实现生态环境治理效益最大化为终极目标。跨域生态环境协同治理信息资源开放共享的关键是在大数据技术的支持下建立良好的沟通机制和渠道,从而实现对各主体所需的环境数据进行准确识别、精准推送和精准管理。跨域生态环境协同治理信息资源开放共享的目的是纠正信息资源开放共享与治理目标实现的偏离问题,保证开放共享的有效性、精确性和可靠性,实现信息资源供给与需求的精准对接,尽可能地减少信息资源交互过程不必要的资源浪费和行政费用,提高开放共享的效率。

1.3 研究思路、内容与方法

1.3.1 研究思路与内容

本书的研究目的是分析包括生态环境协同治理领域在内的信息资源开放共享机制各个指标间的因果关系和逻辑关联,并以此为基础通过以黄河流域为应用案例,设计、规划我国跨域生态环境协同治理信息资源开放共享组织实践的政策路径。由此,本研究首先使用文本分析法,梳理归纳我国自"十一五"至"十四五"期间在开放共享领域的发展历程与时代目标,其后在"跨域""信息资源"和

"开放共享"的综合视角下,通过规范分析法构建嵌入目标管理、协同治理和价值共创理论的 TOE 分析框架,根据多理论融合分析框架明确研究边界并构建本研究的指标体系。而后通过使用包括普通最小二乘回归在内的统计分析方法和 DEMATEL-AISM 联用模型在内的现代系统工程方法以更精确、更客观和更直观的方式揭示开放共享机制中指标间的因果关系与逻辑关联。建模后使用案例研究法,根据沿黄河九省(区)的现状和特点,将模型代入进行案例分析的同时,通过对比沿黄河九省(区)和全国范围在开放共享机制与各具体指标间的发展特征和区域特点,发掘我国各地区在不同发展条件下开放共享建设过程中的要点与关注点。最后使用规范分析法对我国包括生态环境信息资源在内的信息资源开放共享战略目标的实现规划政策路径。

本书研究思路与框架如图 1.3 所示。

根据以上研究思路,本课题研究内容主要划分为八个部分:

一是阐述研究背景的同时对跨域生态环境协同治理信息资源开放共享机制研究的学术意义与应用意义进行讨论,基于文献分析对国内外相关主题的研究成果进行梳理、述评,并提出本研究的研究思路,明晰具体内容及所使用的研究方法。

二是对本研究涵盖的核心概念进行分析界定,进一步阐释本研究主题的概念意涵,同时建立嵌入了目标管理理论、协同治理理论和价值共创理论思想的 TOE 多理论融合分析框架。

三是基于文本分析,对我国信息资源开放共享的价值功能与自"十一五"时期以来开放共享的发展历程进行归纳梳理,总结其发展演进规律,阐述各发展阶段中的成就与挑战。

四是通过数据分析和统计分析等方法,在多理论融合分析框架下,设计构建涵盖跨域生态环境协同治理信息资源开放共享关键影响因素的指标体系,并梳理分析全国在各个指标中的当前概况和发展特征。

五是根据构建的指标体系,构建实验室决策法和对抗解释结构法(DEMA-TEL-AISM)联用模型,厘清跨域生态环境协同治理信息资源开放共享机制的内在机理。

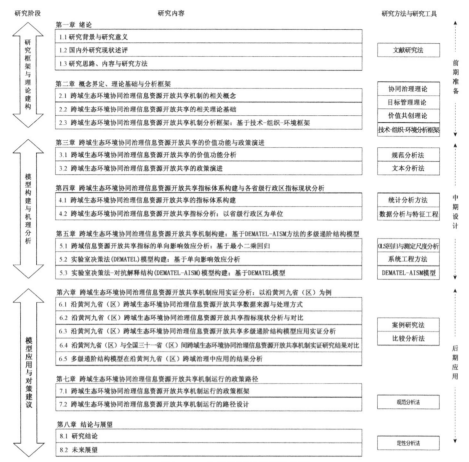

图1.3 本书研究思路框架图

六是在模型构建流程框架的基础上,将沿黄河九省(区)作为模型应用的案例对象,分析对比该区域在信息资源开放共享关键影响因素间内在机理与以全国范围为对象的开放共享机制的异同和特点。

七是根据模型应用结果,有针对性地提出适用于沿黄河九省(区)及其上中下游地区与全国整体性跨域生态环境协同治理信息资源开放共享目标实现的政策框架与具体路径。

八是基于本书的研究结果进行总结以及对未来相关研究的展望讨论。

1.3.2　研究方法

（1）文本分析法

文本分析法主要以文本资料作为分析对象,通过从文本中提取特征词等方式将文本量化,并将无结构化的原始文本转化为结构化的文本,经过处理的文本资料一般具有抽象化和高度概括性的特征,从而有助于研究者把握文本资料更深层次的意义。本书搜集了“十一五”时期以来我国出台的一系列有关跨域生态环境协同治理信息资源开放共享的政策文本,并对其中涉及协同治理信息资源开放共享的内容进行深入研究,通过文本分析法展现出我国跨域生态环境协同治理信息资源开放共享的发展历程与时代目标。

（2）规范分析法

规范分析是根据公认的价值标准,对系统运行中应该具有的规范和结果进行阐述和说明,即在主流思维中是如何研究和处理这类问题的。本研究通过引入广泛被采用于开放共享机制研究的技术-组织-环境（TOE）研究框架,同时通过在框架内嵌入目标管理、协同治理和价值共创理论,并以此通过明确研究边界的方式进一步构建跨域生态环境协同治理信息资源开放共享机制的指标体系。

（3）统计分析法

统计分析法就是运用数学方式,建立数学模型,对通过调查获取的各种数据及资料进行数理统计和分析,形成定量的结论。该方法是一种广泛使用的相对科学、精确和客观的现代科学方法。本研究使用统计分析法中的多元最小二乘（OLS）回归模型通过输入各省级行政区相关指标的现实数据,得到指标体系内指标间两两对应的单向影响效应,进而作为传统具有主观性和不稳定性的专家评价法的优化替代方法,在明确开放共享机制中各个指标间影响效应的同时,借助统计分析法得到的结果作为本研究系统工程方法建模的输入内容,以使得本研究的分析过程和建模结果更加科学、客观和准确。

（4）系统工程方法

系统工程方法是一种现代的具有跨学科性质的研究方法。系统工程方法要求将研究问题及其相关因素进行归纳分类,在确定系统边界后,强调把握各分类及其内部因素之间的内在联系的整体性、综合性、协调性、科学性、实践性。本研究通过引入系统工程中实验室决策法-对抗解释结构法（DEMATEL-ASIM）的联用方法，通过构建开放共享机制多级递阶结构模型，揭示跨域生态环境协同治理信息资源开放共享这一大型复杂系统中，各个指标之间，以及影响因素和整体系统间的有机联系，根据建模结果对开放共享目标实现方案的设计、开发、管理和控制环节进行有效分析，以助力开放共享战略发展目标得到实现。

（5）案例研究法

本书选取具有典型跨域生态环境协同治理信息资源开放共享特点的黄河流域作为案例研究对象，以本研究构建的实验室决策法-对抗解释结构法联用（DEMATEL-AISM）得到的能够反映信息资源开放共享机制中影响因素间的多级递阶结构模型为基础进行实证分析。通过对沿黄河九省（区）的实证应用，对流域内跨域生态环境协同治理信息资源开放共享的模式进行归纳总结，并分析相应开放共享模式的实践情景，同时对于与全国范围内信息开放共享机制中存在的共性问题和特点问题进行分析梳理，进而为跨域生态环境协同治理信息资源开放共享战略目标实现的政策路径提供可靠的建议与参考。

1.4 本章小结

总的来说，本章有针对性地分析了关于跨域生态环境协同治理信息资源开放共享的研究背景与研究意义，同时通过使用来自图书档案与情报领域的可视化文献分析工具 VOSviewer，梳理归纳了国内外学术界在跨域生态环境协同治理信息资源开放共享相关研究领域的研究现状，并进一步地以文献分析结果为基础，构建了符合本研究需求与学术目标实现的研究思路框架。以研究思路框架为基础，本章对于本研究的主要内容进行了整体性阐述以及对各部分所使用的相关研究方法进行了相对应的解释。本章在研究中主要承担了作为整体研究框架以及实现方案的角色，明确了本研究的逻辑结构与执行步骤，通过对研究背景、研究意义、研究现状、研究方案以及研究方法的分段说明，论证了本研究的重要性、合理性与可行性，亦进一步为本书后续各项定性与实证研究内容的充分展开奠定了具有关键性的理论前提与流程基础。

第2章 概念界定、理论基础与分析框架

2.1 跨域生态环境协同治理信息资源开放共享机制的相关概念

2.1.1 跨域生态环境协同治理

在本书中,"跨域生态环境协同治理"概念中的"跨域",特指"跨省级行政区"。从静态上看,"省级行政区"是指具有行政管辖功能的地理单元,是国家为了实现分级管理所实行的区域划分①。从动态上看,行政区是行政区划之意,是国家为了便于管理,进而根据政治、经济、历史、民族以及地理位置等因素划分区域,分级设置行政机关,从而实行分层管理的区域结构。可以说,行政区划既是国家权力再分配的基本框架,也是政府管理的重要抓手。"跨省级行政区"则意味着某一公共事务超越了单一行政区的治理能力,在分散化的行政区域管理权限之下,该事务难以得到有效处理,其中,生态环境治理便是一个典型。由于生态环境是一个整体,生态环境污染往往具有较强的扩散性,这便表明对环境污染的治理的范围是超越行政区划界限的。此外,设置行政区本质上是国家为提高管理效率所实行的一种区域性分权行为,但是随着经济社会的发展,逐渐出现了行政壁垒、地方保护主义等阻碍区域整体发展的现象,并严重制约了各地方政府对生态环境污染的有效治理。因此跨域环境治理便开始成为破解区域性生态环境治理难题的有效途径。

"生态环境"是指能够对人类的生存、发展产生影响的一切自然资源要素的总和,它是一个完整的统一体,其内部各种环境要素都是紧密联系在一起的,具有不可分割性。与此相应,生态环境一旦受到破坏或者环境污染一旦产生,便会逐步影响到整个生态环境系统。生态环境污染具有显著的扩散性与外溢性特征,这就决定了在生态环境问题的应对上必须坚持整体性治理、综合性治理的方

---

① 赵聚军.行政区划调整如何助推区域协同发展?:以京津冀地区为例[J].经济社会体制比较,2016(2):1-10.

针。"协同治理"则源于协同学,协同学认为多元主体之间的互动合作能够产生大于部分之和的协同效应,协同治理就是尝试把协同学的原理运用到公共治理领域中①。具体而言,协同治理是指多元治理主体通过建立各种管理规范与协作机制,共同承担风险与责任,从而协力管理公共事务、提供公共服务,最终实现其共同目标与愿景的一种新兴治理策略。

因此,"生态环境协同治理"是协同治理在生态治理领域中的具体应用。协同治理的目标是实现各治理主体的治理行为从无序状态到有序状态,因此,生态环境协同治理就是要发挥多元主体在生态环境治理中的协同效应,并通过建立起一定的协同治理规则,提高多元主体治理行为的有序性,同时加强治理合作、执行协调、资源共享等,从而对跨区域、跨部门的环境污染与生态损害事件实行有效治理。作为一种典型的生态治理模式,生态环境协同治理能够针对各类跨区域性的生态损害与环境污染问题进行有效施策,进而促进区域整体生态环境质量的改善。可以说,生态环境协同治理适应了生态环境不可分割的特性,也有效回应了跨域生态环境治理的根本诉求。

2.1.2 信息资源开放共享

本研究中提及的"信息资源"主要是指涵盖跨域生态环境协同治理领域的所有生态环境保护与治理相关信息资源。信息资源的形成来自多元参与主体在信息活动中所产生的以信息为形式的活动要素的集合。在组织实践中,信息资源具备一定的使用价值,能够满足协同治理多元参与主体在生产、管理和决策过程中的相关需要,并服务于来自社会多方的使用与利用需求。信息资源开放共享的目的就是以充分发挥信息资源效用的方式激发数字红利,实现我国信息化发展的战略目标。信息资源主要具有五个显著特点:一是信息资源具有重复利用性,其内在价值能够在利用过程中得到体现。二是信息资源具有价值动态性,在同一个信息资源数据集中,其相同的信息资源内容在面对不同利用主体的需求时,能够体现出不同的使用价值。三是信息资源具有跨域整合性,即多元使用主体对同一信息资源的检索和使用不会受到来自地理区位、行业领域和空间时间

---

① 熊光清,熊健坤. 多中心协同治理模式:一种具备操作性的治理方案[J]. 中国人民大学学报,2018,32(3):145-152.

等方面的制约。四是信息资源属于社会财富,是信息资源供给主体在组织实践过程中创造的具有使用价值的劳动产品。五是信息资源具有互通流动性,具体是指信息资源在产生、形成、开放、共享与利用的过程中可以在多个跨域主体间或主体内部相互传递、加工与流通①。

进一步来说,包括跨域生态环境协同治理信息资源在内的"信息资源开放共享",是指通过优化整合区域内各地区、各部门掌握的水、土地、气候等各种自然资源在质和量方面的客观信息,以及生态环境监控信息、业务数据和政务信息等各方面信息,在法律规定的范围内在各治理主体间实现开放获取,进而有效提升区域生态环境治理绩效的过程。跨域生态环境协同治理信息资源开放共享机制建设,就是要为实现各种生态环境资源信息在区域内各个治理主体之间的无障碍自由流动,理顺制度和体制等方面的制约关系,进而建立起有效的运行规范。在生态环境治理实践中,跨域生态环境协同治理信息资源开放共享区别于行政区内部生态环境治理信息资源开放共享的最大特征就是开放共享主体关系的复杂性。跨域生态环境治理涉及多主体协同,要想形成治理合力,必须依赖于治理主体间的信息资源开放共享,表现出开放共享主体的多元性特征。然而由于跨域特征带来的治理主体间的非隶属关系,使多元开放共享主体间的关系呈现出更加复杂化的特征。这种复杂性关系直接导致了两方面问题:一是开放共享主体目标和利益的差别性,这种目标和利益差别性可能导致开放共享主体开放共享行为决策的地方本位主义,使行为选择很难从区域整体利益目标出发。二是开放共享体制机制的分割性,这一分割性是跨域特征的直接体现,如果在协同目标不明确或目标分解不到位的情况下,必然导致治理主体在信息资源开放共享方面的执行不力。跨域生态环境协同治理信息资源开放共享呈现的特殊性特征,必然要求通过一定的途径和方法有效化解各个治理主体之间在意识、利益及体制等方面的不协同因素。

2.1.3 开放共享机制

"机制"一词最早是指机器的构造与工作原理,它一方面表明了机器的主要组成部分,另一方面则说明了各组成部分之间通过何种方式才能使机器成功运

---

① 程焕文,潘燕桃.信息资源共享[M].北京:高等教育出版社,2004:3-14.

转。后来"机制"的应用范围不断拓展,并从具体的机器层面向其他领域扩展,如生物机制、社会机制等。因此,从普遍意义上讲,机制主要关注事物内部的各组成要素以及各要素之间的关系,其具体内涵便是通过将各要素联系起来,使各要素协调运行,进而发挥出整体作用的一种运作方式。在本书中,开放共享机制的含义是为了实现预设的开放共享成效、成果与目标,进而通过目标准备、目标实现和目标评审等手段促进推动公共信息资源充分开放共享为最终目的的一套包含关键影响因素和组成要素在内的系统集合。

2.2 跨域生态环境协同治理信息资源开放共享的相关理论基础

2.2.1 目标管理理论

"二战"之后,西方国家经济逐渐复苏,在经济逐渐恢复快速发展的背景下,基于迅速提高企业竞争力与企业员工积极性的迫切需求,目标管理作为一项有效的企业管理手段应运而生。目标管理是 20 世纪 50 年代由彼得·德鲁克所提出的一项管理思想,最先应用于企业管理领域,后来被引入公共部门的管理过程中,目前已经成为现代管理理论的重要组成部分。所谓目标管理,就是依据目标进行的管理[①]。目标管理理论主要包括坚持目标导向、注重人文关怀、用自我控制型管理代替压制型管理等内容。德鲁克在其著作《管理的实践》中提出,"目标可以作为执行和指导企业管理的一种手段,而企业中的每一个成员都应该向着共同的目标而努力"[②],这便表明在组织管理中运用目标管理手段,能够有效引导组织成员的行为,进而促进组织目标的实现。具体来说,组织的任务必须转化为目标,从组织的战略性目标到特定的个人目标形成一个有层次的体系,组织的一切活动和行动围绕各个层次的目标而展开。目标的层次性是目标管理方法的重要特性。跨域生态环境协同治理信息资源开放共享其中一个显著的影响因素,就是目标设置阶段所需要的前置准备工作,引入目标管理,通过明确总目标和实现总目标在各治理主体间的层层分解,形成自上而下的目标链,能够有效明确跨

---

① 邱国栋,王涛.重新审视德鲁克的目标管理:一个后现代视角[J].学术月刊,2013(10):20-28.

② 陈水生.从压力型体制到督办责任体制:中国国家现代化导向下政府运作模式的转型与机制创新[J].行政论坛,2017,24(5):16-23.

域信息资源开放共享中的相关准备条件,奠定充分的前置基础。生态环境协同治理具有典型的多元主体、多并发条件的特点,相关支撑的政策法规、执行方案和组织与领导是跨域信息资源开放共享机制建设方面的重要前提。因此,面向跨域生态环境协同治理而构建的信息资源开放共享总目标必须由涉及的行政主体各方共同协商,尤其是需要由中央牵头推动。能否形成协商一致的总目标、总方案、总指导,以及在总目标中明确共享责任主体、共享内容、共享标准和共享方式等核心要素,并以中央部门行政规章或地方立法的形式加以合法化,这是跨域生态环境协同治理信息资源开放共享战略目标实现的根本保证,也是作为开放共享目标管理中目标设置和目标准备的关键内容。

另外,目标的管理和实现是一种程序,以组织在目标制订和准备环节设计的目标和编制的行动方案为指引,通过明确多元参与主体间的义务与责任,以保证目标的可实现性和可考核性,并以彼此的责任目标来作为指导业务和衡量各自贡献的准则。借鉴目标管理和实现环节的基本思想,可以确保跨域生态环境信息资源开放共享目标确定的科学性和有效性,能够以目标体系为标准对各级主体实施考核,便于实现各级治理主体在实现信息资源开放共享中的统一行动。目标实现的过程强调对于总目标和分解目标的各项行动以及相关影响要素。针对跨域生态环境协同治理信息资源开放共享机制建设中的跨区域和跨部门特点,总目标的整体性特征明显,但在实际分目标的制订和执行中,也必须兼顾各个地方的差异性,必须充分考虑各个主体的目标差异和利益差别,围绕各层次任务目标建立起有效的管理机构参与机制与实现目标的人才团队,这是跨域生态环境协同治理信息资源开放共享机制建设实现可持续性的重要保障。

由此可见,目标管理是一种具有较强应用性的管理工具,尤其是目标管理过程的划分,更为后续对跨域生态环境协同治理信息资源开放共享机制研究的开展提供重要的理论指导。这主要是因为治理信息资源开放共享机制的构建必须坚持以开放共享目标的实现为中心,而这与目标管理的结果导向性不谋而合。跨域生态环境协同治理信息资源开放共享机制的实施也必须对如何确定开放共享目标、规划设计开放共享行动方案、制订落实开放共享目标实现路径以及组织落地目标评审计划等核心环节予以充分关注,这与目标管理理论中目标准备、目标实现和目标评审等管理过程具有较高的理论契合度。

2.2.2 协同治理理论

协同治理理论产生于西方人文主义的思潮之中,是西方民主社会发展的重要产物。进入21世纪以来,协同治理在理论界受到了较为广泛的关注,并且成为国内外理论研究的热点,在具体实践上,协同治理理念在政府与社会治理过程中已经逐渐成为一种共识,并且成为引领我国社会治理转型的重要理论源泉。目前,协同治理在理论研究与实践应用上均呈现出蓬勃发展的态势。就其理论渊源而言,协同治理理论是治理理论谱系中的一个重要分支,协同学和治理理论是其最主要的理论来源,因此,协同治理理论在本质上是一种交叉理论。协同学的创立者是德国的一位物理学家赫尔曼·哈肯,哈肯认为在一个由大量子系统所构成的复合系统中,以复杂方式相互作用着的子系统在一定条件下能够通过非线性的作用产生协同现象与协同效应,进而使得系统整体形成具有一定功能的空间、时间或时空的自组织结构[1]。因此,协同就是子系统通过相互协调与配合,促进系统有序运行,并使得系统整体形成各子系统所不具备的新结构与新特征的过程[2]。协同治理理论所提出的各治理主体之间加强协作、促进各主体之间的行为从无序向有序转变、发挥"1+1>2"的协同效应等观点便是有效吸收了协同学的重要思想。关于协同治理的内涵,比较有代表性的是安塞尔和加什的观点,以及联合国全球治理委员所提出的定义。安塞尔和加什认为协同治理是一种治理安排,具体指的是"一个或多个公共机构直接与非政府利益攸关方进行正式的、共识导向的和协商的集体决策,旨在制定或执行公共政策,或是管理公共项目或财产"[3]。联合国全球治理委员会则将协同治理定义为公共机构以及私人机构管理其共同事务的诸多方式的总和,同时还提出协同治理是使得相互冲突的利益得以调和,并且采取联合行动的持续的过程。在这一过程中存在各种正式的与非正式的制度安排,旨在提供法律约束力、促成利益相关方之间的和解与

---

① 赫尔曼·哈肯.协同学:大自然构成的奥秘[M].凌复华,译.上海:上海译文出版社,2005:2.

② HAKEN H. Complexity and Complexity Theories:Do These Concepts Make Sense? [J]. Springer Nature,2012:7-20.

③ ANSELL C,GASH A. Collaborative Governance in Theory and Practice [M]//王浦劬,臧雷振,编译.治理理论与实践:经典议题研究新解.北京:中央编译出版社,2017:332.

协作①。

　　尽管学界对于协同治理的定义尚未形成一致的论断,但是通过上述观点可知,治理目标的公共性、治理主体的多元性、治理行为的协调性以及治理过程的规范性是协同治理的重要特征。首先,公共事务是协同治理的核心内容,促进公共利益在最大程度上得到实现是协同治理的根本目标。其次,公共机构、私人机构以及个人均能够参与到公共事务的处理过程中,公共权力不再由政府完全垄断,治理主体呈现出多元化的特点。再次,各治理主体在协商对话、互动合作以及达成共识的基础上共同参与协同治理过程,彼此之间通过建立良好的伙伴关系从而确保其治理行为保持协调。最后,协同治理的实施需要通过一定的法律规范、治理规则等约束各治理主体的行为、调解各种矛盾与冲突,这便为协同治理过程的规范性和有序性提供了有力保障。协同治理作为一种治理策略,能够有效应用于跨域绩效问责领域,它契合了改善区域整体生态环境质量的基本诉求,并通过赋予跨域政府共同承担区域生态环境治理的绩效责任,以及确立协同治理绩效问责规则等方式,为打破行政壁垒,促成跨域各主体之间的协同问责、有序问责提供了新解。

2.2.3　价值共创理论

　　价值共创(Value Co-Creation)最早出现在服务经济领域,是由管理大师 C. K. Prahala 等提出的一种新的价值创造方式,其认为产品或服务价值是由生产者和消费者共同创造的,而不仅仅取决于生产者②。价值共创理论到目前为止并未有一个清晰的定义,在不同的理论视角和情景下其内涵和形式也不尽相同。该理论主要通过强调服务过程中双方的互动来创造使用价值,互动是价值创造的核心和关键。消费者(使用者)积极参与企业(提供者)的生产、研发等活动,帮助企业(提供者)提高产品质量、改进不足,同时在参与过程中贡献自己的知识、分享用户体验以创造更好的使用价值,这些都说明价值创造是建立在消费者(使用者)参与的基础之上,并与企业(提供者)一起成为价值的共同创造者。在价值

① 俞可平.治理与善治[M].北京:社会科学文献出版社,2000:23.
② 李燕琴,陈灵飞,俞方圆.基于价值共创的旅游营销运作模式与创新路径案例研究[J].管理学报,2020,17(6):899-906.

共创理论的指导下,分析数据提供者和数据利用者的价值创造过程,由提供者和利用者共同创造"使用价值"并不断优化平台建设和数据服务,数据提供者和数据利用者在共同创造使用价值的过程中都发挥着重要作用。随着国家对生态环境保护的重视,以及环境污染日益严重的现状,环境的可持续发展成为备受关注的议题。政府数据开放平台的建设以及环境数据的开放利用使得社会各界能够参与到环境保护和治理中,为进一步实现环境数据的共享和利用价值的共创创造了条件。政府数据开放平台上环境数据提供者主要是政府,而数据利用者包括公众、企业和科研机构等主体,政府数据开放利用的水平是双方共同作用的结果。政府数据开放平台提供的环境数据为利用者创造环境价值提供了必要的资源,同样对于环境数据的提供者而言,环境的可持续发展和环境数据利用价值的提高也在数据利用者创造价值的过程中形成。两者之间并不是孤立存在的,而是彼此联系,相互影响。通过政府数据开放平台,政府可以引导和促进数据利用者积极主动地参与到环境数据的利用过程中,并提出自己的意见和建议,以实现环境数据利用价值的增值。

2.2.4 整体性治理理论

整体性治理理论发展于 20 世纪 90 年代,整体性治理理论的代表学者有佩里·希克斯、斯蒂芬·戈德史密斯和安德鲁·邓西尔等人,相关学者的研究与讨论促进了整体性治理理论的形成与发展,该理论的产生与发展主要是为了应对在新公共管理理念下政府所推行的市场化和管理主义方法使公共治理结果更加碎片化、分散化的治理问题①。希克斯指出,政府通过以整体性治理为原则的相关行动解决由碎片化治理所带来的一系列问题,政府各机构各组织之间以及政府与其他合作伙伴之间通过充分的协同与合作,可以达成有效协调与整合,进而形成包括目标、行动与协同在内的一系列共识,通过政策执行手段相互强化,最终落实配合紧密的目标治理行动②。在此背景下,随着 21 世纪信息技术与数字科学的迅猛发展,数字政府与信息化、智能化管理系统的建立与应用,使得各级政府、政府各部门之间以及政府与社会之间的沟通壁垒被打破,进而形成了相对较为

① 韩兆柱,杨洋.整体性治理理论研究及应用[J].教学与研究,2013(6):80-86.
② 叶璇.整体性治理国内外研究综述[J].当代经济,2012(6):110-112.

简洁高效的政府组织机构,这一变化也奠定了践行整体性治理理论的前提与基础。帕却克·邓利维也认为在数字化时代的整体性治理模式中,各级政府和机构主管官员的核心职责已经从对于人员和项目的管理进化为对于各种具备公共价值资源的统筹与协调①。

　　具体来讲,整体性治理理论主要涵盖四个方面:一是对于包括信息资源在内的资源的重新整合。整体性治理理论中,进行重新整合的目的在于加强包括政府在内的多元治理主体间的整体性协作,进而从分散的部分演进为协作的整体。二是整体性治理理论强调政府的治理应坚持以社会和公众的需要为基础,满足公众需求是整体性治理的根本性原则之一。邓利维亦指出,以公众需要为基础的整体性治理与强调以企业管理为效仿的新公共管理有着显著的原则性差异,不仅如此,希克斯也指出,整体性治理中通过对政策、公众、组织和机构四个层面的目标进行考察,是提炼公众关注的热点问题目标的重要手段②。三是强调对于治理目标与治理手段间存在相互强化的关系。有整体性治理领域的学者指出,不同于贵族式政府、碎片化政府和渐进式政府,整体性政府中的治理目标和手段之间具备相互增强与巩固的特征,该特征的存在是因为该类型政府坚持以探求多元治理主体之间的良好关系为出发点③。四是整体性治理理论主张将信息系统、责任感、信任和预算作为政府治理的重要功能要素。其中,对信息系统的应用主要体现在促进对于信息资源和公共服务的有效整合,责任感则代表着政府应重视治理过程中的项目责任和其他相关责任,信任则被视为一种代理关系,委托人以将自己的利益建立在风险之中的方式行动,而在预算方面,整体性治理理论则进一步强调了在预算中对于输入的管理④。

　　由此可见,整体性治理理论的以上观点能够为扭转当前包括生态环境协同治理在内的信息资源开放共享组织实践的"碎片化"困境提供有效思路,该理论

---

① 费月.整体性治理:一种新的治理机制[J].中共浙江省委党校学报,2010,30(1):67-72.

② 王伟伟.跨行政区生态环境协同治理绩效问责机制的构建与完善:基于扎根理论与多案例比较研究[D].西安:西北大学,2022.

③ 竺乾威.从新公共管理到整体性治理[J].中国行政管理,2008(10):52-58.

④ 司林波,王伟伟.跨域生态环境协同治理信息资源开放共享机制构建:以京津冀地区为例[J].燕山大学学报(哲学社会科学版),2020,21(3):96-106.

不仅与目标管理、协同治理和价值共创理论间具有在目标、价值、结构以及策略上的契合性,同时也提供了一个对于构建跨域信息资源开放共享机制的清晰视角。具体来说,跨域生态环境协同治理信息资源开放共享的关键目标之一就是通过加强分散化的跨域治理主体间在生态环境与信息资源方面的整合与协作,进而通过达成共识、形成合力的方式,对生态环境协同治理与信息资源开放共享的各项行动,施加以整体性、系统化的统筹与推进,并最终实现我国信息化建设和发展规划的总目标与各项子目标。因此,在后续跨域生态环境协同治理信息资源开放共享机制的构建中有效融合整体性治理理论的思想,能够切实提升机制设计的有效性。

2.3 跨域生态环境协同治理信息资源开放共享机制分析框架:基于技术-组织-环境框架

2.3.1 技术-组织-环境(TOE)框架

技术-组织-环境(Technology-Organization-Environment, TOE)框架最早是在1990年Tornatzky和Fleischer在《技术创新过程》一书中提出的,他们认为TOE框架能够用来解释和分析组织环境中的三大因素(技术、组织和环境)是如何影响技术创新的实践应用[①]。三大因素中的技术因素是指包括与组织相关的所有技术,其领域既包括组织内部已经采纳并使用的技术,也包括在市场上可以获得的,但目前尚未被组织使用的技术。该框架认为与组织相关的技术能够影响组织在未来阶段对于技术变革的应用范围和变革效率,并且尚未被组织所用的技术和创新也会进一步地影响该组织在未来的创新行为。组织因素是指组织内部具备的特点和资源,其中包括组织成员之间的协作关系、管理结构、沟通模式、组织规模、组织资源和组织计划等子因素,TOE框架认为组织的结构和特性能够影响组织对于采纳创新过程的看法、关系和最终的应用结果,而诸如组织因素中的沟通模式、协作关系等因素亦能够对组织在应用创新技术和进行创新行为产生对应的促进或抑制作用。而框架中的环境因素则主要包含了与创新技术和组织相关的行业结构、服务供应商、产业结构、监管环境等能够影响到新兴技术产生

---

① 魏艺敏.基于TOE框架的企业节能行为研究[D].北京:北京理工大学,2016.

和使用的相关外部环境因素。从整体上来讲,技术、组织和环境因素这三大要素影响着组织对于新技术的应用水平,并能够综合地制约或激发新技术或创新行为在组织内的应用。

随着国家对生态环境保护和信息资源开放共享建设的重视,以及环境污染日益严重的现状,跨域生态环境协同治理信息资源开放共享技术、平台和机制的设计与应用已经成为备受政府和社会各界关注的主题。信息资源开放共享平台和机制的建设以及环境信息资源的开放利用使得社会各界能够参与到环境保护和治理中,为进一步实现以生态环境信息资源的开放共享而充分释放数字红利,以最终实现全国各省级行政区绿色发展和绿色低碳转型战略目标的实现。生态环境协同治理信息资源开放共享机制的技术来源主要是我国相关的信息技术人才数量、能力以及能够支撑开放共享技术落地实现的前置技术与必要基础设施等要素,因此,开放共享相关主体的技术分析能力、前置基础设施情况和对应人才在信息技术方面的创新能力构成了 TOE 框架的技术因素。生态环境协同治理信息资源开放共享机制与平台建设的参与主体是我国各级政府,其组织结构、领导结构、沟通模式、顶层设计和协同机制等组织特征在一定程度上能够影响开放共享技术最终的建设成果、应用成果和利用成果。因此,由我国各级政府为核心构成的各个组织和其相关的下层构成要素,则构成了 TOE 框架内提及的组织因素主体。按照 TOE 的理论框架,在本客体中,能够对生态环境协同治理信息资源开放共享建设成果和规模等最终结果产生影响的环境要素主要与地区内的数字经济发展水平、数字技术发展指数、区域生态状况指数与区域间治理的府际竞争压力指数有关,相关因素的现状、状态、基础和程度都将影响着开放共享目标建设的资源投入、主体参与和成果产出,因此上述要素也构成了本课题的主要外部环境因素。技术、组织和环境因素三者之间并不是孤立存在的,而是彼此联系,相互影响。

2.3.2　基于 TOE 框架的多理论融合分析框架构建

我国跨域生态环境治理长期存在行政区划众多、参与主体多样、地形地势复杂、地质与自然资源差异的特征。在多主体多并发的复杂治理条件下开展跨域生态环境协同治理,是实现"十四五"规划生态环境治理与经济社会发展全局性发展目标的有效治理模式。近年来在高质量发展目标与打造数字经济的双重战略背景下,包含数字、文本、图形等在内的信息资源已经成为生态环境治理的重要资源条件之一。随着我国第十三个五年规划期间数字经济发展战略的深入贯彻,数字信息基础设施的不断完善,我国中央和地方数字政府的建设成效显著。我国第十四个五年规划又提出了以进一步完善优化信息资源开放共享机制助力生态环境治理赋能高质量发展和绿色低碳转型的新目标和新战略。由此,我国在国情特征、战略目标、治理需求和实践积累等方面的现状为进一步开展关于开放共享机制的研究奠定了坚实的理论基础、实践经验和数据存量。因此,通过梳理、挖掘、分析跨域生态环境协同治理信息资源开放共享系统的影响因素与解释结构,有助于为完善优化当前的生态环境信息资源开放共享体系提供更具参考意义的行动方案,进而推动我国跨域生态环境协同治理以高效高质的状态赋能"十四五"绿色低碳转型和高质量发展战略目标的实现。

近三十年来,政府机构、社会组织和社会公众间在生态环境治理领域的跨域协同已经在国内外得到了普遍的实践与应用,跨域协同治理框架则被用于涵盖和分析这种具备多元主体、多元利益和多元目标特征之间的共治领域。具体来说,协同治理的核心概念是协同与合作,而上述行为可以是多主体间的,也可以来自主体内部的不同部门和团体。近年来在我国的生态保护领域,尽管跨域协同治理、整体性治理机制构建和多元主体价值共创的步伐不断加快并取得一定进展,但是在实践中,各种错综复杂的跨域生态环境问题层出不穷,由于各地方政府未能形成有效的集体行动,导致公共治理的目标实现与绩效达成受阻,表现为协同治理成果差异显著,实际治理绩效与目标绩效间存在差距。因此,在信息资源开放共享的战略目标下,以 TOE 框架为基础,并在以该框架下通过融入目标管理理论、协同治理理论、价值共创理论与整体性治理理论的核心思想,进而使得在跨域生态环境协同治理信息资源开放共享影响因素与解释结构分析研究中,能够从更为科学、客观、置信、综合、全面的视角提供来自多理论融合分析框架下具有实践应用与参考价值的研究成果和结论。

本研究引入的 TOE 框架是信息系统领域内用来研究组织采纳新技术影响因素的常用模型,从适切领域层面来看,该模型可以为基于数据和信息技术的信息资源开放共享机制研究提供关于影响因素和指标构建的理论视角。因此,本研究以 TOE 框架中的技术、组织和环境因素作为三大纲领性的影响因素指标维度。而目标管理理论的核心思想是以具体化的目标驱动组织内部全体参与主体、管理层次和机构部门的行动和评价标准，隶属于 TOE 框架的组织因素，从适切领域层面来看，该理论可以为以信息资源开放共享为目标的跨域生态环境协同治理提供关于量化目标的理论视角。协同治理理论则强调的是主体之间加强协作、促进各主体之间的行为有序，由此，该理论可以为 TOE 框架中的组织因素与环境因素部分提供来自多元参与主体多元共治、府际协同与跨域协同等层面的理论视角。此外，价值共创理论通过强调成果与服务的价值是由多元生产主体与多元需求主体所共同创造的，因此，该理论可以为 TOE 框架中的技术因素、组织因素与环境因素提供来自信息资源开放共享多领域、多主体、多行政区间的供给与需求、本域与跨域、内部与外部间相互作用与价值共创层面的理论视角。而整体性治理理论通过聚焦政府机构组织之间以及政府与其他合作伙伴与相关领域之间的充分沟通与合作，以及对资金、资源、环境与组织间的有效协调与整合，进而高效高质达成发展目标，由此，该理论可以为 TOE 框架中的技术因素与组织因素提供来自跨域资源整合与技术利用层面的理论视角。因此，本研究将目标管理理论、协同治理理论、价值共创理论与整体性治理理论联合融入 TOE 框架中相关因素的维度当中，以聚焦各个维度中不同影响因素间相互的作用机制对于开放共享目标管理要素的综合影响。

2.4　本章小结

本章通过对包括跨域生态环境协同治理、信息资源开放共享和开放共享机制在内的核心概念进行分析界定，进一步阐释本研究主题相关的概念意涵。同时基于对目标管理理论、协同治理理论、价值共创理论与整体性治理理论进行基础介绍，构建嵌入上述四大理论的 TOE 框架，进而构建本研究基于 TOE 框架的多理论融合分析框架。本章主要明确了对于研究主题、相关核心理论以及研究分析框架的说明与构建，通过对概念、理论和分析框架进行有机联结性的阐述，论证了本研究在分析框架层面的有效性、整体性与适切性，进一步为本书后续包括指标体系构建、机制/模型构建与分析以及政策路径的讨论与建议奠定了纲领性的框架基础。

第 3 章　跨域生态环境协同治理信息资源开放共享的价值功能与政策演进

3.1　跨域生态环境协同治理信息资源开放共享的价值功能分析

随着大数据技术的发展,在我国的跨域生态环境协同治理中,设计、部署、落实、完善信息化和数字化的信息资源开放共享体系已经成为社会发展的必然趋势。习近平总书记强调:"要运用大数据提升国家治理的现代化水平。"[①]跨域生态保护和高质量发展作为国家重大发展战略,在全国生态安全和经济发展中具有举足轻重的地位,实施环境信息资源充分开放、精准共享是各个相关地区政府部门适应社会发展的客观选择。2018 年生态环境部审议通过的《2018—2020 年生态环境信息化建设方案》中提出,要建设生态环境大数据、大平台、大系统,形成生态环境信息"一张图"[②]。2020 年 1 月,大数据专家王军在接受采访时提出应充分利用大数据技术,建立能够支撑跨域生态环境协同治理工作中信息资源开放共享动态互通的系统性平台[③]。2021 年 6 月,在科学数据与数字经济研讨会上,与会代表就如何实现跨域协同治理典型地区的黄河流域科学数据开放共享进行了激烈的讨论,并形成《黄河流域基础科学数据开放共享倡议书》[④]。在党中

---

① 中华人民共和国中央人民政府. 习近平主持中共中央政治局第二次集体学习并讲话[EB/OL]. (2017-12-09)[2022-03-31]. http://www. gov. cn/xinwen/2017-12/09/content_5245520. htm.

② 中华人民共和国生态环境部.《2018—2020 年生态环境信息化建设方案》[EB/OL]. (2018-04-10)[2022-03-31]. http://www. mee. cn/gkml/sthjbgw/qt/201804/t20180410_434111. htm.

③ 中国民主促进会河南省委员会. 政府工作报告开篇点题"黄河"战略,看大数据专家给建议[EB/OL]. (2020-01-03)[2022-03-31]. http://www. hnmj. gov. cn/wSpacePage? lmid = 13ACN1ACN2ACN6727ACN1ACN38DE8C89F6884FD7AF2AD977F29A7A05.

④ 国家冰川冻土沙漠科学数据中心. 黄河流域基础科学数据开放共享倡议书[EB/OL]. (2020-06-10)[2022-03-31]. http://www. ncdc. ac. cn/portal/news/detail/b2c2f310-c8f5-42ef-bd57-fd3aab8ae75b.

央的领导下,国内跨域生态环境协同治理信息资源开放共享虽然已取得初步成效,但依旧没能克服跨主体之间协作与开放共享的困境。由于制度性因素的欠缺和信息资源本身的特点,使得海量多源异构数据无序涌入,这增加了开放共享主体查寻、提取和筛选信息资源工作难度,造成了相关工作推进过程中的无序和混乱,破坏了信息资源开放共享的平衡,致使其负外部性明显增强。这显然与发展初心背道而驰。在矫正跨域生态环境协同治理信息资源开放共享实践与目标发生偏离的问题时,精准、协调与高效就显得尤为重要。以各主体需求为导向,以信息资源的无缝隙对接和确定性流动为目标的精准共享,可在最大程度上解决开放共享工作无序、混乱的问题,提高协同治理工作中数据治理的精准度和效率,激发开放共享主体的内生动力,最终助力我国跨域生态环境保护的协同治理工作推进与目标实现。

3.1.1 打破数据壁垒困境,赋能全局目标管理

跨域生态环境保护协同治理是一个联系紧密、系统性极强,但又具有明显外部性和准公共物品特征的研究对象,具有牵一发而动全身的特点。然而,在我国条块分割的行政体制下,纵向上指下派的命令形式使信息资源配置权具有很强的垂直整合性,横向的职能划分,会强化部门利益和数据资产专用性[①]。这种以行政边界、职能分工为依据的信息资源管理方式,可能会造成数据资源的碎片化,进而形成数据壁垒。跨域生态环境保护协同治理信息资源开放共享的本质是依托大数据技术,促使协作主体以平等互信的姿态共同参与信息资源开放共享的管理,这种行动的本质是形成一种多元主体间的协作共生关系。这也就是说每个开放共享的参与者都将有机会成为信息与数据的权力中心,且形成了多中心的互动网络。这样的行动可以催化结构化和非结构化的原始数据主动传播,使包括生态环境治理数据在内的信息资源的流通与利用超出原有界限和范围,打破低效冗余的分工和壁垒[②],通过加快信息资源的深度融合,在一定程度上缓解了数据壁垒的现象,进而实现我国跨域生态环境保护协同治理在各个组织

---

① 李重照,黄璜.中国地方政府数据共享的影响因素研究[J].中国行政管理,2019(8):47-54.

② 夏义堃.试论数据开放环境下的政府数据治理:概念框架与主要问题[J].图书情报知识,2018(1):95-104.

机构和参与主体间的畅联互通和高效协同。

3.1.2 激发内生动力,提高开放共享效率

传统的信息资源开放共享主要以行政权力为中心,大多在各业务条线与行政链条内部进行纵向流通,呈现出内部封闭的特征。而生态环境治理则具有整体性、跨域性的特征,这样的治理特点则必然会导致跨域生态环境协同治理信息资源的开放共享呈现出跨主体、跨部门和跨地区等"跨域"的治理与协作需求。由此可见,以激发"域内"内生动力的方式,通过促进生态环境治理信息资源的跨域无缝隙互通,可以有效提升跨域开放共享的效率与质量。因此,促进信息资源开放共享与跨域生态环境协同治理二者间具有高度的适配性与必要性,主要体现在两个方面:一方面,大数据技术的"去中心化"打破了原有的一元数据权力结构,使生态环境信息资源开放共享网络呈出扁平化的特征,共享主体之间的精准交互和点对点对接,促进了信息资源在开放共享网络中的准确无障碍流动。另一方面,生态环境协同治理信息资源开放共享建立在主体沟通协商的基础之上,进而推动各参与主体之间形成共识,并进一步推动以共识为导向的生态环境协同治理信息资源开放共享,最终最大程度上实现各主体的广泛参与,并能够在开放共享主体之间形成相互信任、相互理解、共同认同的运行机制。上述情形的形成,可在极大程度上降低共享主体因目标不同、利益差异所导致的共享风险,以内部驱动力量促使共享行为的产生。

3.1.3 实现精准对接,提高环境治理效率

生态环境协同治理信息资源开放共享强调的是需求导向、结果导向和质量导向,可使数据共享真正落到实处。首先,实现生态环境信息资源的精准对接能够使数据的颗粒度更为精确,并能够同时提升对于关键字段与数据的抓取精度与效率,从而保证信息资源的需求主体在获取信息资源时,能够有效提升数据ETL(抽取-转换-加载)的效度与精准度,进而深度解决信息资源内容重复、质量不佳、覆盖面不全以及结构性较差等问题。其次,根据精准对接原则落地的生态环境协同治理信息资源的定制化推送与预处理功能可以高效满足信息资源需求方的差异化需求,最终可以使得各地生态环境协同治理的主管部门在遵循当地生态环境治理现状的同时进行精准施策成为可能。此外,生态环境协同治理信

息资源开放共享的留痕特征,可使信息资源的开放共享过程更为严谨和透明,这有利于监督主体验证信息资源管理过程中的权力使用和责任追溯,进一步地避免因操作失误、信息资源泄漏等重大事件的发生而造成开放共享参与主体之间发生相互推诿、扯皮的情况。最后,信息资源的精准开放共享可为各类数据在开放共享平台中的流通、上传与下载状态进行数字记录提供可能性,管理部门与责任部门可以使用信息资源的追踪溯源功能,进而有效督导参与协同主体对于信息资源的利用和互通行为,进而保证开放共享主体行为的规范性和合理性。

3.1.4　技术嵌入治理,突破开放共享"最后一公里"

生态环境协同治理信息资源开放共享的终极目标是最大限度开发信息资源的价值,在合理管控生态环境协同治理信息资源风险的基础之上,通过充分激发数字红利,进而突破当前跨域生态环境协同治理的种种困境,最终以生态环境的绿色高质量发展,推动社会向绿色低碳模式的方向转型。首先,通过对信息资源的开放共享,可以使开放共享平台与系统的运营单位和管理单位有效识别信息资源利用主体的核心需求,并通过减少粗放型的信息资源开放共享频次,以减少对于算力资源、储存资源、通信资源和其他软硬件信息资源的浪费,提高开放共享的数据质量与利用效率。其次,生态环境信息资源的精准开放与定向共享,能够以明确信息资源供需双方身份的方式,使信息资源供需主体在长期的数据合作中建立良好的互信伙伴关系,减少因信息资源利用需求感知屏障而造成的信息资源供给主体在开放共享系统中投入信心不高、投入力度不足的问题。最后,我国一些地区在生态环境的监督与管理方面一直遵循垂直管理的原则,在此过程中市县一级环境监测权整合上移,执法权则集中下沉[①],这就有可能出现信息不对称的情况,生态环境协同治理信息资源开放共享的实施能够加速生态环境治理相关的信息资源在各主体之间自由流动,进而有效解决生态环境监管与执法权不对等造成的监测和监管分离、缺乏执法信息等问题。

---

① 周卫.我国生态环境监管执法体制改革的法治困境与实践出路[J].深圳大学学报(人文社会科学版),2019,36(6):82-90.

3.2 跨域生态环境协同治理信息资源开放共享的政策演进

3.2.1 "十一五"时期(2006—2010年):夯实开放共享基础,加强基础设施建设

"十一五"时期(2006—2010年)正值我国国民经济快速发展的重要时期,我国的国民经济和社会各个领域的信息化建设有序、稳步推进,以 2G 网络技术为代表的数字化、信息化电子设备已经在诸如电子政务、商务金融、教育科研等构成国民经济的重要社会领域产生日渐显著的应用成效。然而,从信息资源开放共享的建设要求来看,该时期我国信息技术相关领域中的管理体系、监管制度等相关法制建设仍存在亟待建立健全的短板,相关数据、信息领域核心基础产业仍处在萌芽发展阶段,创新和突破能力欠佳,结构性矛盾凸显。在此背景下,以我国"十一五"时期出台的《国民经济和社会发展信息化"十一五"规划》和《2006—2020 年国家信息化发展战略》等为指导核心的各项战略与目标规划提出了在我国第十一个五年规划期间,我国关于数字化、信息化和信息资源利用相关的战略目标还应放在进一步加强信息基础设施建设方面,例如基本实现"村村通电话、乡乡能上网"的农村通信基础设施建设目标、进一步实现互联网宽带在城乡地区的覆盖率任务、推动包括硬件软件在内的,能够促进信息技术与数字产业发展的电器电路设施设备等为重点的战略目标,具体的政策措施则体现在包括加强信息行业的基本法律法规建设、制订落实关于国家中长期科学技术发展规划的相关目标、建立完善电信普遍服务的畅销机制和持续加强相关人才队伍建设等①②③。由此可见,我国在"十一五"期间,基本完成了以信息产业和技术相关的基础设施建设、人才培养和制度保障等关键目标,上述行动的成功落实为我国信

---

① 中华人民共和国中央人民政府. 发展改革委有关负责人就《国民经济和社会发展信息化"十一五"规划》答记者问[EB/OL]. (2008-04-17)[2022-07-11]. http://www.gov.cn/zwhd/2008-04/17/content_947090.htm.
② 中华人民共和国中央人民政府. 中共中央办公厅国务院办公厅关于印发《2006—2020 年国家信息化发展战略》的通知[EB/OL]. (2012-03-19)[2022-03-22]. http://www.gov.cn/gongbao/content/2006/content_315999.htm.
③ 中华人民共和国中央人民政府.《"十二五"国家政务信息化工程建设规划》印发[EB/OL]. (2012-05-16)[2022-07-11]. http://www.gov.cn/gzdt/2012-05/16/content_2138308.htm.

息资源开放共享奠定了坚实的发展前提和技术基础,同时,在该时期我国更是树立巩固了在未来应以政务部门和治理体系的数字化、现代化和信息化为抓手的发展理念。

3.2.2　"十二五"时期(2011—2015 年):提升数字政务能力,推动多领域信息化

"十一五"期间,我国已经基本实现、落实了关于打牢信息资源开放共享相关基础设施建设的相关任务目标,为全面建设小康社会关键时期的"十二五"时期(2011—2015 年)提供了有力的支撑。在顶层设计方面,我国编制出台了《"十二五"国家政务信息化工程建设规划》(后称《"十二五"信息化规划》),规划中明确指出了在"十一五"期间顺利建成运行的各大重点信息化工程项目的基础上,仍需要尽可能地加快建设一批用于提供公共服务和着力改善民生的数字化政务服务系统,尤其需要关注解决在我国数字政府和政务信息化层面关于信息资源开放共享、社会部门业务协同和政务服务应用等领域的突出矛盾和主要问题。该时期更是强调提出了建立具备跨部门、跨职能、跨应用能力的信息资源共享公用平台和电子政务服务系统①。在具体的任务层面,提升执政能力、治理能力与赋能生态环境保护等信息化工程均被包含在内,并清晰明确地制订和提出了相关细分领域的建设目标和建设内容,其建设思路均是围绕着统筹、协作、创新、共享、协同和保障等原则进行设计部署的。作为国家治理的重要举措,《"十二五"信息化规划》也同时明确提出了实现规划目标的保障措施,相关内容均能够一定程度地贴合目标管理理论框架。在目标准备环节,《"十二五"信息化规划》指出需要系统梳理前置技术基础,落实工程建设资金;在目标实现环节,提出了科学组织工程建设、加强工程全过程管理以及加强信息安全保密等行动指导;在目标评审环节,提出了建立动态评估机制、适时开展中期评估和强化规划监测评估等保障措施。在国家的高度关注下,"十二五"时期关于网络强国、大数据和"互联网+"战略取得了一系列重大进步与成就。从 TOE 框架下来看,在技术层面,"十

---

① 中华人民共和国中央人民政府.《"十二五"国家政务信息化工程建设规划》印发[EB/OL].(2012-05-16)[2022-07-11]. http://www.gov.cn/gzdt/2012/05/16/content_2138308.htm.

二五"时期我国信息产业生态体系初步形成,信息、电子和半导体等重点领域核心技术取得了关键突破,基于互联网和信息资源的服务技术在实践层面的应用进一步深化。在组织层面,基础信息资源开放共享体系、网络安全保障体系与社会治理的信息化体系初步建立,政府部门和社会各界机构与组织的协同能力和参与程度大幅增强,通过积极的前期准备,协力的中期设计与实现,完成了既定的信息化发展目标。在环境层面,互联网经济和数字经济强势崛起,基于互联网和数字经济的新兴业态与商业模式大量涌现,同时我国网络空间同国际领域的交流持续深入,相关企业和组织与国际市场接轨的步伐明显加快。可以说,"十二五"期间我国关于大数据、互联网与开放共享的系列决策和建设开启了我国跨域信息资源开放共享发展新征程。

3.2.3 "十三五"时期(2016—2020 年):树立开放共享理念,促进释放数字红利

"十三五"时期(2016—2020 年)作为我国社会全面达成小康水平的决胜时期,在信息资源层面以信息通信技术的变革为抓手,在我国的现代化治理层面激发释放了充分的数字红利。该时期受到国际市场产业链重组、全球政治经济治理体系变革的影响,国家提出应以全面加快信息化发展的方式,统筹互联网与线下实体空间,通过拓展国家治理的新领域、新方法、新视角,以互联网赋能国家,增进人民的福祉。2016 年发布的《国务院关于印发"十三五"国家信息化规划的通知》(后称《"十三五"信息化规划》)指出,我国进一步关注和强化了信息技术和信息资源开放共享所能带来的裂变式的应用潜能和集聚效应,并将信息技术创新和数字红利两大因素定义为推动可持续发展的关键引擎,由国务院发布的《"十三五"信息化规划》同时认为该时期我国的信息化发展仍存在自主创新能力不强、核心技术被"卡脖子"、互联网普及效率不理想、信息资源和公共数据的开放利用和共享水平仍有较大提升空间、国家政务服务创新成果仍难以匹配治理体系和治理能力现代化的目标需求,以及城乡、富裕和贫困地区间信息基础设施建设仍存在较大差距等阻碍数字红利在国家治理和生态环境保护领域充分释

放的关键问题①。从目标的设计和准备层面来看,"十三五"时期,我国计划在2020 年前,在建设"数字中国"战略目标上取得显著成效,在跨域治理、生态环境保护和信息资源开放共享领域具体表现在以解决生态环境领域突出问题为主要关注点,以深化信息技术在生态环境综合治理的实践应用为抓手,以推进环境信息开放共享,促进政府、企业、公众共同参与生态环境治理的协同模式为方向,最终实现建立健全跨流域、跨区域的生态环境协同治理体系的发展目标。在具体任务和重点工程层面,计划建立能够有序推进政务信息资源、社会信息资源和互联网信息资源协同统一开放的大数据体系,其中包括建立国家互联网大数据平台、关键治理信息资源目录体系、相关治理与开放共享数据库等基础设施和信息化建设工程,进而完善政府治理基础信息资源开放共享的管理机制、应用机制和保障机制,以推动信息资源的综合应用,充分释放数字红利,赋能多主体跨域协同治理,最终实现高质量发展和绿色低碳转型的任务目标。"十三五"时期,以"全国一盘棋"的行动步调,在强化顶层设计的引导下、积极统筹协调的参与下、多元协同推进的步调下以及科学督促落实的体系下,《"十三五"信息化规划》中提出的包括数字协同治理和信息资源开放共享在内的重点目标顺利完成,以数字化、信息化、现代化提升国家治理能力,完善多元治理体系的工作取得了决定性进展和显著的成效②③。

3.2.4 "十四五"时期(2021—2025 年):加速开放共享建设,强化数字治理能力

随着"十三五"时期小康社会的全面建成以及信息化规划目标的顺利实现,"十四五"期间(2021—2025 年),我国已经取得了信息基础设施规模世界领先、

---

① 中华人民共和国国务院. 国务院关于印发"十三五"国家信息化规划的通知:国发〔2016〕73 号[EB/OL]. (2016-12-27)[2022-04-26]. http://www. gov. cn/zhengce/content/2016-12/27/content_5153411. htm.

② 中华人民共和国国务院. 国家发展改革委关于印发"十四五"推进国家政务信息化规划的通知:发改高技〔2021〕1898 号[EB/OL]. (2022-01-06)[2022-03-26]. http://www. gov. cn/zhengce/zhengceku/2022-01/06/content_5666746. htm.

③ 中华人民共和国国务院. 国务院关于印发"十四五"数字经济发展规划的通知:国发〔2021〕29 号[EB/OL]. (2022-01-12)[2022-03-26]. http://www. gov. cn/zhengce/content/2022-01/12/content_5667817. htm.

信息技术产业显著突破、数字经济完成跨越式发展、信息惠民便民水平大幅提高以及信息化发展和治理环境优化提升等卓越成就。在此基础上,结合处于动荡变革期的国际背景以及国内打造双循环相互促进的双重时代环境,《"十四五"国家信息化规划》提出了以 5G 为核心、6G 为愿景的数字基础设施体系更加完善、数字经济发展质量效益实现全球先进水平、数字社会和数字政府建设水平与质量全面提升、数字化发展环境日臻完善等宏观目标。在具体目标的设计上,规划提出了在计划期限内,建立优化能够提供一体化算力服务和数据资源开发利用能力的全国一体化大数据中心体系建设,在该时期的五年内,不仅是实现包括数据、图像、档案在内的信息开放共享,更是实现包括数据库、云防护和云计算等设施设备在内的资源开放共享①。在跨域协同治理方面,国家发展改革委《关于印发"十四五"推进国家政务信息化规划的通知》则提出了建立共建共治共享的数字社会治理体系,以智能化、现代化、动态化的现代信息技术,打造具有中国特色的新型治理范式,构筑高质高效的基层治理模式和社会治理制度,其中包括打造创新型跨域协同治理体系、打造高效协同的数字政府服务体系、优化提升党政机关信息化建设水平、推动促进政务数据和公共数据的开放共享和充分流通、推动政府监督管理机制的规范化、精准化、智能化水平等子目标。从理念创新的角度来看,相比于先前的三个五年信息规划,"十四五"时期的相关信息规划提出并强调了以数字技术、信息治理机制中的智能化、精细化和动态需求实时感知等新趋势、新特征实现绿色智慧生态文明建设、社会绿色发展、经济绿色低碳转型等目标,在治理理念上,更加强调了从技术、管理和大环境多元多并发条件下的视角提升优化综合协同治理能力的理念框架,进一步明确了技术、管理、背景环境对目标实现的影响效应和重要性②。从目标管理的视角来看,《"十四五"国家信息化规划》突出强调了高质量执行好、落实好、统筹好、保障好目标实现环节的关键性和必要性,指出了加强组织领导、多元主体参与、政策体系保障、人才队伍建

---

① 中央网络安全和信息化委员会."十四五"国家信息化规划[EB/OL]. (2021-12-28)[2022-03-28]. http://www.gov.cn/xinwen/2021-12/28/content_5664873.htm.

② 中华人民共和国国务院.国家发展改革委关于印发"十四五"推进国家政务信息化规划的通知:发改高技〔2021〕1898号[EB/OL]. (2022-01-06)[2022-03-26]. http://www.gov.cn/zhengce/zhengceku/2022-01/06/content_5666746.htm.

设、规范试点示范、社会舆论宣传和全程战略研究等目标实现环节的关键要素对最终战略目标实现的紧迫性和全局性。

总的来说,我国自 2006 年的"十一五"信息化规划以来,在以跨域生态环境协同治理信息资源开放共享为目标在内的战略规划中,始终坚持以由顶层设计到中观规划、由中观规划到细节执行的设计思路,经历了稳健、踏实、高效的发展历程。从实践层面来看,我国在过去四个五年信息化规划中,在不同的时代背景和发展需求下,始终立足现状,着眼长远,依客观规律规划。在不同的发展阶段,我国果断聚焦机遇,应对挑战,明确信息化方向。在发展目标的设计方面,深化突出重点,分步科学实施,夯实从切入点出发,最终实现规划目标。从整体发展历程的角度来讲,我国经历了由夯实信息化基础设施,到建立信息化治理体系,到激发释放数字红利,再到完善优化"数字中国"治理体系的发展历程。可以看出,关于跨域生态环境协同治理信息资源开放共享机制的建设、发展和探索在历届五年信息化规划中都是一项聚焦关注的重点内容,我国持续将此客体纳入多个发展规划与政府报告中,不仅希望以此促进数字政府和信息技术领域中相关科学技术的突破,更期望通过其效用和内在红利促进整个国家和区域在多元主体、多并发条件下的综合协同治理能力的提升,进而最终实现我国绿色低碳转型和绿色发展的战略目标。近数十年来,我国政府和社会各界组织通过将信息资源开放共享嵌入生态环境协同治理机制中,通过对发展需求和细分学科的深度剖析,运用先进的管理决策、综合计划、组织运筹、高效激励、目标管理等概念、手段与工具,充分发挥了信息资源开放共享在生态环境协同治理中的实效性、红利性与智慧性优势。此外,随着智能化、动态化通信技术的迅速普及,大数据和物联网概念促使开放共享的红利释放效应和治理协同优势进一步放大,进而更显著地提升了开放共享的战略价值。因此,综合协同治理的信息资源开放共享机制在增进生态环境领域下提升人民福祉、实现治理目标和促进模式创新等方面存在着无限潜力。

3.3　本章小结

跨域生态环境协同治理信息资源开放共享是我国生态环境治理与政府现代化治理的重要发展趋势,本章首先对我国信息资源开放共享的四个价值功能进行了分析总结,其后又对我国自"十一五"(2006 年)至"十四五"(2025 年)期间关于跨域信息资源开放共享实践的发展历程按照四个时期进行了系统性梳理,同时总结了各时期的政策演进规律,并对我国各个发展阶段开放共享的建设状态进行了分析说明,一方面总结各时期的相关进展,另一方面梳理各时期面临的挑战和不足。本章主要对我国推进建设跨域生态环境协同治理信息资源开放共享战略的现实意义与发展历程进行了分段式的梳理与分析,同时论证了跨域信息资源开放共享与生态环境协同治理间的必要性与适切性,进一步佐证了后文关于生态环境协同治理与跨域开放共享的相关研究与分析,具有明确的学术与应用意义。

第4章　跨域生态环境协同治理信息资源开放共享指标体系构建与各省级行政区指标现状分析

4.1　跨域生态环境协同治理信息资源开放共享的指标体系构建

4.1.1　指标体系的建构原则

（1）全面性原则

构建能够反映跨域生态环境协同治理信息资源开放共享中关键影响因素的指标体系,目的在于以客观、全面、综合与合理的角度评价在整体开放共享体系中各个省级行政区在生态环境协同治理信息资源开放共享各方面的发展水平。其能够恰当反映关于跨域、生态环境协同治理信息资源、开放共享三大要素指标,囊括了经济、技术、社会和生态环境等多方面变量,因此在指标构建的环节中,应保证指标选择的全面性,将能够表达研究主题三大要素的相关变量尽可能地纳入建构的指标体系。

（2）差异性原则

在不同行政区之间,尤其是关于跨域的相关研究,每个地区间的政治、经济、自然资源、生态保护状态、发展战略、发展模式和组织方式等准备目标、实现目标和评审目标的行动方案和发展现状均具有鲜明的地域特色,进而形成了各区域在关于跨域生态环境协同治理信息资源开放共享的实现和建设方面存在显著差异的现状与情形,因此,在选取、建构能够综合反映研究主题三大要素综合状态的指标时,还应使相关指标能够有效、科学、明确地反映出同一维度下不同的地域差异。

（3）可行性原则

可行性主要表现在能够体现跨域信息资源开放共享领域中关键影响因素的各项指标在具备全面性和差异性的同时,还应该具备可量化、可获取和可计算等功能,在能够全面客观反映跨域生态环境协同治理信息资源开放共享影响要素的同时,还应在数理分析的角度具备可行性。此外,本研究引入了 TOE 框架、目标管理理论、解释结构和因果关系模型等分析工具,因此在构建指标体系与影响因素选择时,还应考虑被选取的指标在参与构建各项模型和框架中的可行性。

4.1.2 指标体系的设计构建

为了能在关于跨域生态环境协同治理信息资源开放共享的研究下充分体现出 TOE 框架中的技术、组织与环境因素,以及能够反映目标管理理论、协同治理理论、价值共创理论与整体性治理理论相关的组织实践状态,同时基于数据可获得性与模型简化的原则,采用与开放共享关联度较高的变量能够使后续的分析与建模精确度、可解释性和模型复杂度处于恰当合适的范围内,因此,本研究在指标体系构建的全过程均遵循上述思路对能够反映和影响跨域生态环境协同治理信息资源开放共享关键影响因素进行指标采集和筛选。

(1) 技术因素类指标

指标 1:信息基础设施水平(编码 T1)

从技术因素来看,区域内的信息基础设施水平首先能够反映出每个省级行政区执行开放共享战略的技术下限和技术储备,因此通过综合考虑区域内 IPv4 比例、区域 5G 基站数量、区域域名总数占比和区域内大数据中心的规模,能够相对客观地反映出开放共享建设区域的信息基础设施水平,其中区域 IPv4 比例能够为开放共享平台提供充分的 API 接口,5G 基站数量能够保障区域内信息资源交换、流动、上传和下载的效率和能力,区域域名总数能够一定程度地反映区域内基础互联网建设的质量、水平和活跃度,而区域内大数据中心的规模则能够反映出区域内在数据分析、数据 ETL、数据处理等能够嵌入于信息资源开放共享方面的技术积累。

指标 2:信息技术创新能力(编码 T2)

从《国民经济和社会发展信息化"十一五"规划》到《"十四五"国家信息化规划》,国家在历次规划中,尤其是近年来的规划中,都强调了技术创新能力对于开放共享体制最终建设成果的关键性与重要性,因此在关于跨域生态环境协同治理信息资源开放共享的影响因素研究中,客观、合理评价不同省级行政区的信息技术创新能力,则是能够反映出该地区技术因素的重要指标之一,因此,通过将区域信息技术的创新投入和创新产出两个子变量进行综合考虑,依据区域内投入产出比和相关数据的绝对值,能够有效反映该省级行政区信息技术的创新能力。

指标3:数字政务应用能力(编码 T3)

从技术因素来看,数字政务应用所带来的整体性治理效能能够影响跨域生态环境协同治理信息资源开放共享建设成果、利用成果和综合成效的伴生技术因素就是区域内各级政府在稳步推进政务服务现代化信息化的数字政务应用能力,省级行政区政府和各级下辖政府部门机构在数字政务应用方面表现出来的水平与能力,能够有效地传导至公共信息资源开放共享的建设当中去[①]。因此,通过综合考虑区域内由政府机构提供的包括移动通信平台、固定终端平台等数字化平台上的政务服务用户使用度、网办效率、服务质量和一体化办理能力等具象数据,能够有效地评估该省级行政区数字政务的在线成效与政务服务成熟度等指标,进而得知该行政区的数字政务应用能力。

(2)组织因素类指标

指标4:管理机构参与成效(编码 O1)

在跨域尤其是多元参与主体协同治理的背景下,实现行政区内包括生态环境领域在内的信息资源开放共享目标时,尤其需要重视和关注各个参与主体管理机构的参与成效。参与成效的优劣,能够直接影响到最终目标实现的效率与质量,本指标主要综合了开放共享管理参与机构的规模以及相关管理机构的下沉管理程度,以综合评估目标实现阶段各省级行政区管理机构的参与成效。具体来讲,本指标涵盖了省级行政区及辖属市、县、乡层级的大数据管理机构建设和改革成效,以及对应数据和信息化管理部门在相关领域的一体化政务服务能力。上述开放共享主要管理机构的相关指标,将能够有效反映各省级行政区在开放共享目标实现过程中的参与成效,并为最终的建模评估提供可靠支撑。

指标5:公共政策支撑水平(编码 O2)

在由政府机构和有关部门作为管理、监督和评估参与主体的跨域信息资源开放共享目标实现实践中,由上述部门制定、发布、执行的各项相关公共政策能

---

① 中华人民共和国国务院.国家发展改革委关于印发"十四五"推进国家政务信息化规划的通知:发改高技〔2021〕1898 号〔EB/OL〕.(2022-01-06)〔2022-03-26〕.http://www.gov.cn/zhengce/zhengceku/2022-01/06/content_5666746.htm.

够对开放共享目标实现的各个环节产生根本性的影响。省级行政区当地的与数字经济、大数据领域、公共信息资源和数字政务服务相关的政策越完善,越能够带动来自社会的多元参与主体共同激发数字红利和信息资源的价值创造成效。因此,本指标通过综合考虑由当地省级行政区发布的关于数字政务、公共信息资源和大数据应用领域的各项政策数量与内容,得到当地与跨域信息资源开放共享相关的公共政策支撑水平指标,以通过构建因果关系模型的方式,厘清公共政策支撑对于最终开放共享目标实现的效应传导逻辑。

指标6:信息科技人才实力(编码O3)

信息科技人才实力主要反映的是省级行政区内在目标实现阶段对于相关信息技术人才的培养、组织与工作情况。该数值的最终得分是由省级行政区内高校人才培养的规模与专业、区域人才聚集的类型与结构、行业从业人员的规模与数量三大细分指标相结合,进行综合评估得出的。高校人才培养的专业主要聚焦于对开放共享信息化建设平台高度相关的数据科学与大数据技术专业、人工智能专业、大数据管理与应用专业、智能科学与技术专业,区域人才聚集的类型与结构主要聚焦于符合跨域多元主体协同治理所需要的高精尖人才、复合型人才、创新型人才和技能型人才,而从业人员规模的指标包含了信息传输、软件和信息技术服务业这些与开放共享平台、管理体系所需的行业对象的数量。

指标7:开放共享准备水平(编码O4)

组织因素中,在目标实现方案执行前的各项准备工作不仅是开放共享能否顺利实施并形成预期效应的重要因素,更包含着组织在目标管理理论中的一系列相关行动。在目标制订阶段,相对应的设计与准备工作则显得尤为重要,开放共享准备水平反映了省级行政区内相关法规政策的效力与内容、方案执行的标准与规范以及主体管理的组织与领导。具体来讲包含了省级行政区内组织主体对于数据开放利用的要求、关于开放共享全生命周期安全管理的政策、规定和保障,还包含了目标制订中对于数据目标、平台目标的标准规范,在先期的组织与领导中,综合计算了省级行政区领导单位的统筹管理、领导重视程度和年度工作计划与方案。并由上述因素的综合性考量,结合对应的信息权重,得到了能够准确反映目标制订阶段状态的开放共享准备数值。

指标 8：省级平台建设水平（编码 O5）

省级平台建设水平以聚焦省级行政区官方政府开放的包含".gov"域名的网站平台为评估对象，重点评估对应开放共享平台的建设成果。建设成果的评判标准以基于互联网开发、大数据分析、数字政府服务和协同治理等相关部分标准为参照，包含了对开放共享平台的发现预览功能、数据获取功能、成果提交展示功能、互动反馈功能和用户体验功能的综合性评估，其具体的细分评估对象分别包括开放数据目录、搜索功能条、数据集预览功能、无条件开放数据获取、有条件开放数据申请、未开放数据请求、利用成果提交和展示功能、数据发布者联系方式、用户评价、意见建议、数据纠错、权益申诉、收藏与推送功能等基于互联网产品开发和网站平台建设的核心要素。本指标能够反映省级平台开放共享的建设水平，也可以评估各省级行政区对《"十三五"信息化规划》中要求的开放共享发展目标的最终实现成效。

指标 9：信息资源质量水平（编码 O6）

信息资源质量水平指标是指，通过搜集已经上线开放的包含".gov"域名的省级行政区官方信息资源开发共享网站平台中所发布的数据集为评估对象，通过对包括数据数量、数据质量、数据规范和开放共享范围在内的因素进行综合考量，以评估该省级行政区在开放共享工作中所释放的数据集的价值与质量。具体来讲，信息资源质量水平指标最终数值是综合了该地区开放共享平台所发布的有效数据集总数、平均容量、开放协议、开放格式、描述说明、主题覆盖、部门覆盖，以及优秀数据集、无质量问题数据集数量等能够有效量化的实际数据计算得到的。本指标意在通过构建不同于省级平台建设水平（编码 O5）评估平台本身质量的指标，以聚焦平台上公开发布的信息资源数据集本身为切入点，考察参与和管理主体对于平台内容的质量管理水平。

指标 10：信息资源利用成效（编码 O7）

信息资源利用成效反映的是省级行政区数据开放共享平台建设完成投入使用，并公开发布各类共享信息资源后，政府部门间和社会各界组织团体对于平台所提供信息资源的利用水平，利用数值的高低代表了平台利用成效的优劣，同时一定程度上也能够代表省级行政区开放共享体系建设成果达到预设目标和价值共创的程度。该指标包含了四个子变量，分别是利用促进数值、利用多样性程度、成果数量以及成果质量评估。具体来讲,四个子变量是由十个细分特征综合评估得出相应得数的,包括省级行政区内数据和信息化相关比赛的参与规模、组织主题对于开放共享的引导赋能活动、使用开放共享信息资源的利用者多样性、信息资源开放共享成果的形式多样性和主题多样性、信息资源开放共享的成果数量与有效率,以及组织、建设、参与主体提供的服务应用质量和创新方案质量。利用数值的高低不但能反映出体系实体的建设成果质量,还能一定程度地反映省级行政区内开放共享体系建设的软实力、吸引力和引导能力。

指标 11:环境数据开放成效(编码 O8)

目标评审亦称目标考核阶段,需要关注的是目标制订环节设计、规划相关重点目标的实现成果,因此将环境数据开放成效数值纳入省级行政区开放共享体系建设的指标体系,能够有效地在目标评审阶段对生态环境协同治理的信息资源开放共享成果进行客观评估。本指标基于已经建设开放生态环境相关主题的省级行政区开放共享平台所提供的实际数据集,对各省级行政区平台中环境数据集的数量规模、环境数据集主题占总主题数量的比例以及平台内环境数据集的覆盖比例实际值,使用 CRITIC 算法,结合计算与评估得出最终各省级行政区的环境数据开放数值,从而以生态环境治理视角评估省级行政区内协同治理信息资源开放共享的建设水平。

(3) 环境因素类指标

指标 12:数字经济发展水平(编码 E1)

数字经济发展水平能够有效地以量化指标体现该区域内数字经济的发展状态,从《国民经济和社会发展信息化"十一五"规划》到《"十四五"国家信息化规划》中,国家出台的多个文件中都强调了以发展数字经济,进而以价值共创的理念带动数字社会、数字政府和数字治理的重要性和必要性,因此从官方政策面可以明确区域数字发展水平对开放共享建设的最终成效属于来自环境因素的影响力。数字经济发展水平的指标得数采用自我国权威第三方机构测定的数据,由一级指标、二级指标和其他细分指标综合评价得出,一级指标不仅包含了数字经济的相关要素,还融合了跨域协同治理的相关要素,具体为数字经济产业指数、数字经济融合指数、数字经济溢出指数和数字经济基础设施指数,相关指标的评判标准均与本研究构建的指标体系具有显著的相关性和系统性,因此可以认为数字经济发展水平指标在本指标体系内作为环境因素类指标具有科学性、可行性和系统性。

指标 13:生态环境治理成效(编码 E2)

生态环境治理成效指数来源于由中华人民共和国生态环境部《中国生态环境公报 2021》中首次发布的生态质量指数(EQI)值。EQI 值的评估标准涵盖了区域污染负荷、植被覆盖率、物种多样性、生态系统状态、土地退化情况、气候条件和人类生活适宜度等下级指标,相关细分指标不但反映了生态环境的自然状况,还反映了由人类活动带来的人为影响,因此生态环境状况指数在一定程度上是能够表示区域生态环境治理成效的重要权威指标。本指标通过计算由《中国生态环境公报》公布的每个省级行政区内全国县(区、旗)级行政区的 EQI 均值,最终得出省级行政区层面生态环境治理水平的评价指标,其指标的值越大,则代表该区域生态环境的治理成效越好。

指标 14:府际治理压力水平(编码 E3)

府际治理压力水平的主要评估指标是基于数字经济发展水平指标(编码 E1)以及生态环境治理成效指标(编码 E2)综合计算得出的,协同治理与府际治理理论认为地方政府在共同战略目标的实现过程中会受到来自邻近地域政府的治理压力,而相关治理压力能够以正向激励或负向压力的形式传导至与其相邻的治理主体当中,因此本指标通过使用 CRITIC 权重法计算得到指标 E1 与 E2 的权重后,以数字经济发展水平和生态环境治理成效为基础综合计算各省级行政区向外传导的府际治理压力,其后通过计算每个行政区相邻所有行政区所向外传导的府际治理压力数值总和,最终得到该省级行政区的府际治理压力水平,府际治理压力水平指标的构建意在通过将本指标输入分析模型后,观察府际治理压力对于其他指标和目标实现的影响效应并作为后续政策体系完善与建议对策的来自跨域协同治理视角的实证参考。

综上所述,根据基于 TOE 框架的多理论融合分析框架、概念界定标准、中央与各级地方政府相关发展规划与战略,以及来自国内外信息资源开放共享研究领域研究学者的研究成果与观点,同时依据本研究指标体系构建的全面性、差异性和可行性原则,最终得到包含技术因素、组织因素和环境因素层在内的总计 3

个大类的 14 个具有权威、可信和科学数据来源的能够有效代表跨域生态环境协同治理信息资源开放共享中关键影响因素的指标(见图 4.1、表 4.1)。

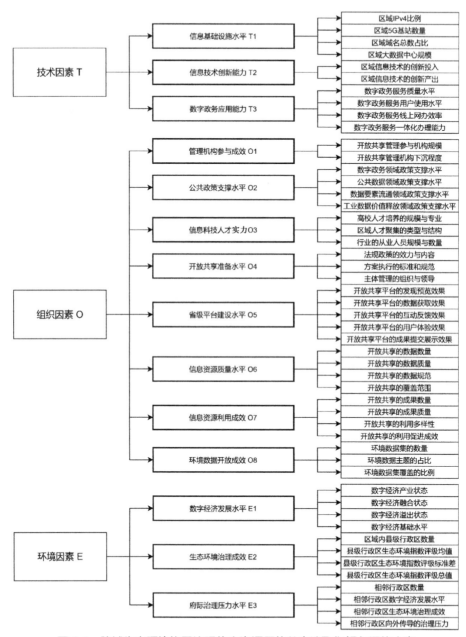

图 4.1 跨域生态环境协同治理信息资源开放共享选取指标与评估内容

表 4.1 跨域生态环境协同治理信息资源开放共享指标选取说明

TOE 因素层	指标层	编码	代表学者	数据来源
技术因素	信息基础设施水平	T1	马海群[1]、李梅[2]、吴春梅[3]	中国大数据区域发展水平评估报告（2021）[12]
	信息技术创新能力	T2	李梅[2]、谭军[4]、司林波[5]	中国大数据区域发展水平评估报告（2021）[12]
	数字政务应用能力	T3	李梅[2]、谭军[4]、刘淑妍[6]	中国大数据区域发展水平评估报告（2021）[12]
组织因素	管理机构参与成效	O1	马海群[1]、谭军[4]、李重照[7]、徐淑升[11]	中国大数据区域发展水平评估报告（2021）[12]
	公共政策支撑水平	O2	马海群[1]、李梅[2]、司林波[5]、韩普[8]	中国大数据区域发展水平评估报告（2021）[12]
	信息科技人才实力	O3	马海群[1]、刘淑妍[6]、翁列恩[9]	中国大数据区域发展水平评估报告（2021）[12]
	开放共享准备水平	O4	马海群[1]、李重照[7]、翁列恩[9]、汤志伟[10]	中国地方政府数据开放报告（2021）[13]
	省级平台建设水平	O5	马海群[1]、李梅[2]、韩普[8]、徐淑升[11]	中国地方政府数据开放报告（2021）[13]
	信息资源质量水平	O6	马海群[1]、韩普[8]、翁列恩[9]、汤志伟[10]	中国地方政府数据开放报告（2021）[13]
	信息资源利用成效	O7	马海群[1]、李梅[2]、谭军[4]、徐淑升[11]	中国地方政府数据开放报告（2021）[13]
	环境数据开放成效	O8	马海群[1]、司林波[5]、徐淑升[11]	各省级数据开放平台
环境因素	数字经济发展水平	E1	吴春梅[3]、司林波[5]、汤志伟[10]	中国数字经济指数（2021）[14]
	生态环境治理成效	E2	马海群[1]、司林波[5]、李重照[7]、徐淑升[11]	2021 中国生态环境状况公报[15]
	府际治理压力水平	E3	谭军[4]、刘淑妍[6]、翁列恩[9]、韩普[8]	基于对指标 E1&E2 的计算

注：[1] 马海群,江尚谦.我国政府数据开放的共享机制研究[J].图书情报研究,2018,11
(1):3-11.

[2] 李梅,张毅,杨奕.政府数据开放影响因素的关系结构分析[J].情报科学,2018,36
(4):144-149.

[3] 吴春梅,庄永琪.协同治理:关键变量、影响因素及实现途径[J].理论探索,2013(3):
73-77.

[4] 谭军.基于 TOE 理论架构的开放政府数据阻碍因素分析[J].情报杂志,2016,35(8):

175-178,150.

[5] 司林波,裴索亚.国家生态治理重点区域政府环境数据开放利用水平评价与优化建议:基于京津冀、长三角、珠三角和汾渭平原政府数据开放平台的分析[J].图书情报工作,2021,65(5):49-60.

[6] 刘淑妍,王湖葩.TOE框架下地方政府数据开放制度绩效评价与路径生成研究:基于20省数据的模糊集定性比较分析[J].中国行政管理,2021(9):34-41.

[7] 李重照,黄璜.中国地方政府数据共享的影响因素研究[J].中国行政管理,2019(8):47-54.

[8] 韩普,康宁.国内政府数据开放共享的关键因素分析及评价[J].情报科学,2019,37(8):29-37.

[9] 翁列恩,李幼芸.政务大数据的开放与共享:条件、障碍与基本准则研究[J].经济社会体制比较,2016(2):113-122.

[10] 汤志伟,罗意.资源基础视角下省级政府数据开放绩效生成逻辑及模式:基于16省数据的模糊集定性比较分析[J].情报杂志,2021,40(1):157-164.

[11] 徐淑升,黄华梅,贾后磊.民生保障服务领域政府数据开放共享实现路径研究:以海洋观测监测数据为例[J].海洋信息,2021,36(1):15-19.

[12] 中国电子信息产业发展研究院.中国大数据区域发展水平评估报告[R].北京:中国大数据产业生态联盟,2021.

[13] 开放树林.中国地方政府数据开放报告[R].上海:复旦大学数字与移动治理实验室,国家信息中心数字中国研究院,2021.

[14] 中国数字经济指数[R].北京:财新智库,2021.

[15] 2021中国生态环境状况公报[R].北京:中华人民共和国生态环境部,2022.

4.1.3 指标体系的数据来源与处理方式

（1）数据来源

信息基础设施水平(T1)指标、信息技术创新能力(T2)指标、数字政务应用能力(T3)指标、管理机构参与成效(O1)、公共政策支撑水平(O2)、信息科技人才实力(O3)指标分别来自中国电子信息产业发展研究院在2021年发布的《中国大数据区域发展水平评估报告》中的信息基础设施就绪度指数、创新能力指数、政务应用指数、组织建设指数、政策环境指数和治理保障指数[①]。开放共享准备水平(O4)、省级平台建设水平(O5)、信息资源质量水平(O6)、信息资源利用成效(O7)指标来自由复旦大学数字与移动治理实验室联合国家信息中心数字中国研究院在2021年公开发布的《中国地方政府数据开放报告(省级行政区)》和《中国地方政府数据开放报告(城市)》中的准备层、平台层、数据层和利用层指标[②][③]。环境数据开放成效(O8)指标来自各省级行政区已上线开放的包含".gov"域名的省级行政区官方信息资源开发共享网站平台中所发布的生态环境主题数据集的数量和覆盖率等数据,最终经由综合性权重计算后得到,属于本研究中的一手数据。数字经济发展水平(E1)指标来自财新数据于2021年发布的《中国数字经济指数》报告中的反映以省级行政区为单位的中国数字经济指数[④]。生态环境治理成效(E2)指标来自中华人民共和国生态环境部于2022年发布的《2021中国生态环境状况公报》中自然生态章节内2021年全国县域生态质量分级指标中按照省级行政区为单位的全省所有县域EQI指标的均值[⑤]。府际治理压力水平(E3)指标是通过统计每个省级行政区相接壤的省级行政区的数字经济发展水平(E1)和生态环境治理成效(E2)指标综合计算得到的"治理压力"的总值而得到的,其中"治理压力"是指对指标E1和E2进行权重分析后综合得到每个省级行政区能够向外界传导的来自该地区本身的治理压力,而通过累加与每个省级行政区所有相接壤地区的治理压力总和,能够有效避免指标E3与指标E1和E2间产生直接的线性相关性,进而影响后续的定量分析结果。

（2）指标权重测定方法

在定量学术研究中,有熵权法、标准离差法、层次分析法、客观赋权(CRITIC)法、主成分分析(PCA)法等测定序参量指标权重的算法,其中客观赋权(CRITIC)

① 中国电子信息产业发展研究院.中国大数据区域发展水平评估报告[R].北京:中国大数据产业生态联盟,2021.
② 开放树林.中国地方政府数据开放报告(省级行政区)[R].上海:复旦大学数字与移动治理实验室,国家信息中心数字中国研究院,2021.
③ 开放树林.中国地方政府数据开放报告(城市)[R].上海:复旦大学数字与移动治理实验室,国家信息中心数字中国研究院,2021.
④ 中国数字经济指数[R].北京:财新智库,2021.
⑤ 2021中国生态环境状况公报[R].北京:中华人民共和国生态环境部,2022.

法被相当数量的学者认为是一种相比于熵权法和标准离差法等算法更具备客观性的权重测定算法。客观赋权法是一种通过评价不同序参量(指标)间冲突性和对比强度以综合测定对应指标客观权重的算法,算法在主要考虑各指标间变异性高低的同时还将指标间的相关性纳入测定步骤,因此做到了完全利用指标数值本身的客观属性进行客观、可测的权重评价,同时可避免由专家学者主观赋权所带来的随机性、局限性和主观性问题。在客观赋权法中,每个指标中数据的标准差越大,则说明该数据的波动性越高,对比强度指数也就越高,其权重相对越高。而指标间的相关系数越大,则说明指标的冲突性越小,权重相对越低,在进行权重计算时,由指标的对比强度乘以该指标的冲突性后,进行归一化处理,则得到最终权重值。步骤如下:

① 无量纲化

由于各指标间量纲存在不统一性,因此各个指标间无法横向对比和计算,通过使用最大值标准化,对待处理数据指标所构成的原始矩阵 X(参考式(4.1))进行标准化(参考式(4.2))。其中,X 为变量指标;x'_{ij} 为变量指标标准化值,表示第 i 个样本第 j 项评价指标的数值。

$$X = \begin{bmatrix} x_{11} & \cdots & x_{1j} \\ \vdots & & \vdots \\ x_{i1} & \cdots & x_{ij} \end{bmatrix} \tag{4.1}$$

$$x'_{ij} = \frac{x_j}{|x_{max}|} \tag{4.2}$$

② 计算指标变异性

S_j 代表第 j 个指标的标准差。在客观赋权法中使用标准差来表示各指标的内取值的差异波动情况,标准差越大表示该指标的数值差异越大,越能反映出更多的信息,该指标本身的评价强度也就越强,其被分配的权重也就越高。

$$\begin{cases} \bar{x}_j = \dfrac{1}{n} \sum_{i=1}^{n} x_{ij} \\[4mm] S_j = \sqrt{\dfrac{\sum_{i=1}^{n} (x_{ij} - \bar{x}_j)^2}{n-1}} \end{cases} \tag{4.3}$$

③ 计算指标冲突性

r_j 表示评价指标 i 和指标 j 的相关系数。使用相关系数来表示指标间相关性时,指标与其他指标的相关性越强,则该指标就与其他指标的冲突性越小,反映出相同的信息越多,所能体现的评价内容就越有重复之处,一定程度上也就削弱了该指标的评价强度,则权重降低。

$$R_j = \sum_{i=1}^{P} (1 - r_{ij}) \qquad (4.4)$$

④ 计算指标信息量

指标信息量 C_j 越大,第 j 个评价指标在整个评价指标体系中的作用越大,则权重上升。

$$G_j = S_j \sum_{1=1}^{P} (1 - r_{ij}) = s_j \times R_j \qquad (4.5)$$

⑤ 计算客观权重值

第 j 个指标的客观权重 w_j 为

$$w_j = \frac{G_j}{\sum_{j=1}^{p} G_j} \qquad (4.6)$$

(3) 数据处理

本研究构建的指标体系中,由于环境数据开放成效(O8)指标、生态环境治理成效(E3)指标和府际治理压力水平(E4)指标基于一手数据或权威数据进行综合变换得出,其数据处理步骤如下:

① 环境数据开放成效(O8)指标计算

环境数据开放成效(O8)指标来自我国各省级行政区已经开放的公共数据开放平台(截至2021年12月31日)环境主题相关数据的权重换算,其二级指标包括环境数据集数量(编码 $O4_1$)、环境类主题占平台总主题类型数量的比例(编码 $O4_2$)和环境数据集覆盖比例(编码 $O4_3$),通过将二级指标 $O4_1$、$O4_2$、$O4_3$ 的原始数据进行最大值标准化后,再进行客观赋权法权重计算(见表4.2),随后通过将实际值乘以权重值后(见参考式(4.7)),得出最终数据。

$$O4 = O4_1 \times w_{O4_1} + O4_2 \times w_{O4_2} + O4_3 \times w_{O4_3} \qquad (4.7)$$

式中,O4代表最终环境数据开放成效(O8)指标的值;w_{O4_i} 代表对应二级指标权重。

表 4.2　环境数据开放成效（O8）指标客观赋权法权重结果

分析指标	环境数据集数量	环境数据主题占比	环境数据覆盖比例
CRITIC 权重	0.288 9	0.433 7	0.277 4
指标变异性	0.208 0	0.376 0	0.221 0
指标冲突性	1.177 0	0.980 0	1.066 0
信息量	0.245 0	0.368 0	0.235 0

② 生态环境治理成效（E2）指标计算

生态环境治理成效（E2）指标来自中华人民共和国生态环境部与 2022 年发布的《2021 中国生态环境状况公报》中自然生态章节内"2021 年全国县域生态质量分级指标"中每个省级行政区县域 EQI 指数的均值，其二级指标包括省级行政区内县级行政区数量（编码 $E3_{Aver.}$ ）、省级行政区内每个县级行政区 EQI 评级的总值（编码 $E3_{EQI}$ ），通过将每个省级行政区中所有县域 EQI 的总值除以该区域内县级行政区的数量，最终得到生态环境治理成效（E2）的得数（见参考式（4.8））。

$$E3 = \frac{E3_{Aver.}}{E3_{EQI}} \tag{4.8}$$

③ 府际治理压力水平（E3）指标计算

府际治理压力水平（E3）指数经由指标 E1、E2 的值进行基于 CRITIC 权重换算，得到该省份向外传导的治理压力值（编码 $E3_{pres.}$ ）（见表 4.3、参考式（4.9）），随后通过计算每个省级行政区所有相邻行政区治理压力值总和的均值，最终得到府际治理压力水平（E3）的指标值（见参考式（4.10））。

$$E3_{pres.} = E1 \times w_{E1} + E2 \times w_{E2} \tag{4.9}$$

$$E3 = \frac{\sum E3_{pres.\,i}}{i} \tag{4.10}$$

式中，E1、E2 分别代表数字经济发展水平（E1）和生态环境治理成效（E2）的值；w_{E1} 和 w_{E2} 分别代表上述两个指标的 CRITIC 权重；i 则代表与该省级行政区接壤的同级行政区的数量。

表 4.3　府际治理压力水平（E3）指标客观赋权法权重结果

分析指标	数字经济发展水平（E1）	生态环境治理成效（E2）
CRITIC 权重	0.632 8	0.367 2
指标变异性	0.226 0	0.131 0
指标冲突性	1.040 0	1.040 0
信息量	0.235 0	0.136 0

4.2　跨域生态环境协同治理信息资源开放共享指标分析：以省级行政区为单位

"十三五"时期，我国在数字政府、政务数字化和社会公共数据的建设方面，已经取得了显著的成果。现阶段，我国尽管尚未完全建成全地域、全领域、全流程的开放共享机制，但较"十二五"时期的状态来看，我国整体已展现出了卓越的进步，并且和国际发达国家数字政府、数字化政务建设水平愈发接近，并逐步形成赶超态势。截至 2021 年 12 月 31 日，我国大陆地区 31 个省级行政区中（暂不包含香港、澳门和台湾），省级行政区级别政府官方开办建设的信息资源（数据）开放共享平台已达 24 个（以网站名称包含"数据开放平台""开放共享平台"，网站域名包含". gov"的政府官方网站为准），省级行政区包括北京、天津、山东、内蒙古、辽宁、河南、陕西、宁夏、甘肃、新疆、四川、江苏、安徽、上海、湖北、重庆、湖南、江西、浙江、贵州、广西、广东、福建和海南，而河北、山西、吉林、黑龙江、云南、西藏和青海的省级行政区开放共享平台尚未建成开放（见图 4.2）。尽管我国仍有 7 个省级行政区暂未建成上线省级行政区开放共享平台，但相关省级行政区内已建成部分市级行政区数据开放共享平台或省级行政区开放共享平台的建设已经提上日程。

图 4.2 中国省级行政区数据开放共享平台建成统计①

4.2.1 各省级行政区内的技术类指标现状分析

（1）信息基础设施水平(T1)

从全国信息基础设施水平来看,将指标数据分值均分五档的情况下,仅有北京和广东 2 个省级行政区处于全国高水平范围,且信息基础设施水平远高于其他地区。不仅如此,作为全国较高水平的地区,也仅有山东、江苏、上海和浙江四个省级行政区位于第二梯队。除此之外,河北、河南、湖北、四川和福建属于全国中等水平,而内蒙古、辽宁、陕西、山西、重庆、安徽、贵州、湖南、江西和广西 10 个省级行政区位于我国信息基础设施水平的较低层级。黑龙江、吉林、甘肃、宁夏、青海、西藏、新疆、云南和海南则处于全国范围内的低信息基础设施水平层面。

尽管从可视化地图来看,全国信息基础设施水平较高的区域仍主要集中在

———————

① 本书中的中国地图均以来源于国家基础地理信息中心提供的中国地图为底板,版本号（ArcGIS 版本 10.8）,地图信息链接:https://www.webmap.cn/mapDataAction.do? method=forw&resType=5&storeId=2&storeName=%E5%9B%BD%E5%AE%B6%E5%9F%BA%E7%A1%80%E5%9C%B0%E7%90%86%E4%BF%A1%E6%81%AF%E4%B8%AD%E5%BF%83&fileId=5425884BD7BA4FB7879154613DB97220

东部沿海的省级行政区,但本指标主要是基于各类信息基础设施相关设备、平台和人力资源的绝对值统计得到的,因此,该指标反映了全国信息基础设施水平的绝对值水平,而非是反映当地人均基础设施水平的指标,本指标的构建主要是为了研究省级行政区基础设施建设水平的绝对程度对于跨域信息资源开放共享体系建设的影响程度和转化效度。此外,信息技术水平指标可视化结果同时与我国"十四五"时期对中西部省区继续大力发展信息化基础设施建设的规划与发展目标相匹配,进一步地佐证了本指标构建与测量的准确性、客观性和科学性(见图 4.3)。

图 4.3　信息基础设施水平指标分级可视化地图

(2) 信息技术创新能力(T2)

从全国 31 个省级自治区的信息技术创新能力来看,与我国当前仍有较大发展空间的信息基础设施水平不同的是,在现阶段全国范围内大部分地区表现出了显著的技术创新能力。北京、天津、山东、江苏、上海、浙江、广东、河南、安徽、湖北、福建和四川多个中东部省区展现出了相当的信息技术能力,尤其是在河南、湖北、安徽、福建和四川等省级行政区中,尽管上述地区信息基础设施水平仍处在相对不足的发展水平,但是当地却能够在有限的信息基础设施水平下,激发出可观的信息技术创新能力,由此可以初步推断,信息基础设施的发展水平并不是制约当地信息技术创新能力的主要因素。

河北、辽宁、陕西、重庆、贵州、湖南和江西诸省则在当地相对全国较为一般的信息基础设施背景下,也有着处于全国中等水平的信息技术创新能力;而黑龙江、吉林、内蒙古、陕西、广西、海南、云南、新疆、青海、甘肃、宁夏和西藏12个省级行政区则低于全国范围内信息技术创新能力的平均水平。结合跨域数据技术分析能力、信息基础设施水平和信息技术创新水平三大技术层面指标来看,我国跨域信息资源开放共享机制指标体系中整体技术水平由东南沿海向西北内陆地区从高到低逐步递减,西北、东北和西南部分省级行政区受制于当地经济、人才和产业发展等限制性因素,在现阶段仍未具备相对较高的信息资源开放共享技术水平(见图4.4)。

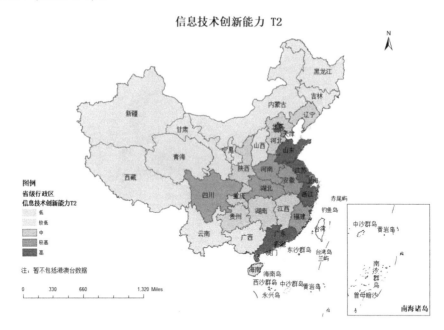

图4.4 信息技术创新能力指标分级可视化地图

(3) 数字政务应用能力(T3)

规划、设计、部署、落实省级行政区数字政务应用项目,能够有效地通过整合政务资源、打造数据平台的方式,提升区域内各领域各部门的公共产品供给效率、政府机构整体性、公务员队伍参与度和民生服务流程透明度。从数字政务应用能力指标数值分级结果来看,北京、浙江、广东、江苏、安徽、贵州、福建和四川多个中东部省级行政区展现出了全国领先的数字政务应用能力,尤其是贵州、湖北、江西和安徽4个在国民经济发展水平和当地信息基础设施建设水平相对有限的省级行政区,仍表现出了强劲的数字政务应用能力,例如贵州省在2015年7月6日上线的贵州政务服务网,至今仍保持在全国省级政府网站评估排名的前10位,尤其是贵州以电子政务云为平台,一面整合面向公务人员的政务信息资源,另一面则通过政务服务网站云平台将公共数据交换至有被服务需求的社会公众。

不仅如此,为了保障区域内的数字政务应用和服务能力,贵州还制定了立足于数字政务平台的信息资源开放共享标准规范①。而诸如重庆、江西、河北和辽宁等省级行政区则同样在仅具备较为一般的信息基础设施背景下,打造出了处于全国中等水平的数字政务应用能力。而黑龙江、陕西、吉林、内蒙古、陕西、广西、海南、云南、新疆、青海、甘肃、宁夏和西藏13个省级行政区的数字政务应用能力则在现阶段暂时低于全国平均水平(见图4.5)。

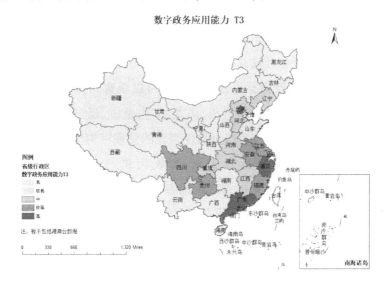

图4.5 数字政务应用能力指标分级可视化地图

---

① 贵州省人民政府国有资产监督管理委员会.数字政府的"贵州经验"[EB/OL].(2019-12-30)[2022-03-26].http://gzw.guizhou.gov.cn/xwzx/gzdt/201912/t20191230_39372618.html.

4.2.2 各省级行政区内的组织类指标现状分析

（1）管理机构参与成效（O1）

在跨域信息资源开放共享各省级行政区的管理机构参与成效方面来看,全国范围内大部分省级行政区在以当地政府为参与主体的管理和领导下,形成了较为良好的管理机构参与成效态势。尽管部分省级行政区较高水平的管理机构参与成效并未有效兑现对应水准的开放共享平台建设水平,但是在以开放共享为目标的管理理念中,持续加强管理机构的有效参与成效仍是必需且重要的。同时,区域内各级政府管理机构在协同治理的背景下,可以通过形成符合多方利益的建设共识,以实现跨域生态环境信息资源开放共享执行方案的科学性和有效性为目标,进一步通过以目标体系为标准对各级主体实施考核的方式,最终达成将管理机构的参与成效传导至开放共享平台的建设成果当中去的实践路径。跨域生态环境协同治理信息资源开放共享机制建设中具有跨区域和跨部门特点,其总目标的整体性特征明显,但在实际分目标的制订和执行中,也必须兼顾各个地方的差异性,必须充分考虑各个主体的目标差异和利益差别,围绕各层次任务目标建立起有效的管理机构参与机制与实现目标的人才团队,这是跨域生态环境协同治理信息资源开放共享机制建设实现可持续性的重要保障。

从管理机构参与成效指标可视化结果中可以观察到,河南、浙江、广东、四川、山西、湖北、湖南、江西、江苏、贵州、黑龙江、内蒙古、辽宁、山西、山东、安徽、重庆、福建和广西在内的 19 个省级行政区当地的管理机构参与成效都处于或高于全国范围内的平均水平,而吉林、北京、天津、河北、宁夏、甘肃、青海、新疆、西藏、云南、海南和上海地区当地的管理机构参与成效则低于全国平均水平,然而北京、上海等地在最终信息资源开放共享平台建设成效指标中表现出的较高水平,则又表示着关于管理机构参与成效与指标体系内其他指标的影响效应与因果关系需要进一步深入探究解析(见图 4.6)。

图 4.6　管理机构参与成效指标分级可视化地图

（2）公共政策支撑水平（O2）

公共政策支撑水平（O2）这一指标是为了通过统计省级行政区政府对于跨域生态环境协同治理信息资源开放共享建设实践相关的政策主题、内容与数量,进而一定程度上评估当地公共政策对于开放共享目标实现的支撑水平。地区内的各项相关政策的出台和落实,不但有利于对现有或计划开展的信息资源开放共享工作发挥出可靠的支撑效应,更有利于引导和提升来自社会多元主体的参与意愿,不仅如此,通过加快各项有关政策和法规的制度建设,还有利于明确多元参与主体的权利、责任和义务,加强对信息资源开放共享各项工作和项目的管理和监督能力[1]。从公共政策支撑水平指标可视化结果中可以观察到,贵州省在信息资源开放共享领域的公共政策支撑度位于全国领先水平,从实际的政策文件出发,贵州省不仅在 2020 年出台了有力支撑省级数据开放共享平台建设的《贵

---

① 中华人民共和国国务院.国务院关于印发促进大数据发展行动纲要的通知:国发[2015]50号[EB/OL].(2015-09-05)[2022-03-26]. http://www.gov.cn/zhengce/content/2015-09/05/content_10137.htm.

州省政府数据共享开放条例》,还在 2021 年发布了包含支撑贵州政务服务水平提升的《贵州省政务服务条例》等政策文件。

而广西、广东、浙江、四川、山西、河南、湖北、江西、江苏、贵州、内蒙古、辽宁、山东、安徽和福建在内的 15 个省级行政区当地的管理机构参与成效都处于或高于全国范围内的平均水平,其中上海于 2020 年发布了《上海市公共数据资源开放 2020 年度工作计划》,同时于 2021 年制定、发布了《2021 年上海市公共数据治理与应用重点工作计划》。同年,安徽省和广东省也发布了有利于支撑政务信息资源高效开放共享的《安徽省政务数据资源管理办法》和《深圳经济特区数据条例》。至于吉林、北京、天津、湖南、重庆、宁夏、甘肃、青海、新疆、西藏、云南和海南地区当地的公共政策支撑水平则低于全国平均水平。由此,从整体上可以认为我国 31 个省级行政区近年来在中央的部署和规划下,已经逐步建立起了具有一定实践支撑成效的信息资源开放共享制度体系(见图 4.7)。

图 4.7　公共政策支撑水平指标分级可视化地图

(3) 信息科技人才实力(O3)

从全国 31 个省级自治区的信息科技人才实力来看,"十一五"时期以来,全国各地区在党中央、国务院的支持和引导下,全国范围内信息科技人才实力的培养和队伍建设已经初显成效。如何将当前的信息科技人才实力存量向跨域信息资源开放共享的实际工作成效方面进行转化,是各个地区应该着力考虑与规划的发展方向。从指标的可视化结果来看,北京、江苏、上海、浙江和广东5个省级行政区的信息科技人才实力最为出众,位于全国高水平范围内,其原因主要可能是上述省份具有全国高水平的高等院校及数据科学相关专业,同时上述地区的区域人才聚集效应与信息产业从业人员规模均位于全国前列。而辽宁、河北、山东、河南、安徽、湖北、陕西、四川和福建9个地域的信息科技人才实力亦在全国范围内处于较高或平均水平。

而黑龙江、吉林、天津、山西、江西、重庆、湖南、贵州、广西和云南地区的信息科技人才实力则低于全国平均水平。内蒙古、宁夏、甘肃、青海、新疆和西藏等西部地区的信息科技人才实力受限于地区、经济、基础设施和其他客观因素的制约,处于全国范围的最后一档。在实际的跨域生态环境协同治理信息资源开放共享实践工作中,对于人才实力相对较弱的地区来说,如何探究、制订和落实开放共享目标实现过程中与人才实力相关的各项工作,应被纳入重点考察和调研清单当中,因此,在短期内如何通过协同治理和价值共创的理念规避人才实力不足的限制,在长期内如何利用目标管理的理念有效提升地区信息科技人才实力的水平,同样应成为地方政府建设信息资源开放共享过程中需要考虑的重中之重(见图4.8)。

图4.8 信息科技人才实力指标分级可视化地图

（4）开放共享准备水平（O4）

从跨域生态环境协同治理信息资源开放共享的准备水平指标来看,能够观察到我国过半数省级行政区在开放共享准备方面仍相对欠缺,从目标管理理论视角来看,相关省份准备程度的不足亦进一步地影响到了后续开放共享成效与发展目标实现的水平和绩效考评成果。黑龙江、辽宁、河北、江苏、河南、陕西、甘肃、湖南、青海、新疆、西藏和云南12个省份在开放共享的准备程度方面,处于全国低水平的层面。而内蒙古、吉林、宁夏和安徽4个省级行政区则具有较低水平的准备程度。而北京、山西、湖北、海南和重庆5个地区的开放共享准备程度位于全国中等水平。至于天津、山东、上海、浙江、江西、福建、广东、广西、贵州和四川10个地域在以当地政府为开放共享管理和协调主体的背景下,通过统筹、组织和协调工作的有序完成,具备了全国范围内较高和高水平的开放共享准备程度。

从目标管理理论的角度来看,尽管在目标准备阶段的工作完成度并不能够完全决定后续目标实现与目标评审环节各项绩效的实施情况,但在开放共享目标的准备阶段,各参与主体在有关领域的有力准备工作,将有助于最终目标高效高质地实现(见图4.9)。

图4.9　开放共享准备水平指标分级可视化地图

（5）省级平台建设水平（O5）

根据复旦大学数字与移动治理实验室和国家信息中心数字中国研究院于2022年发布的《中国地方政府数据开放报告（2021）》中能够反映各省级行政区开放共享平台建设水平的省级平台建设水平指标来看,在已建成上线的24个省级行政区开放共享平台中,其中11个地区建设水平超出全国平均值,分别是上海、浙江、山东、贵州、广东、四川、广西、福建、宁夏、天津和安徽(见图4.10)。

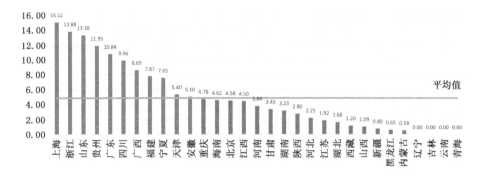

图4.10　中国省级行政区数据开放共享平台建设水平

在目标评审和监督时应立足于既定的量化指标和定性目标,对各阶段和最终目标执行节点的严格考核是目标管理方法的重要原则。对于跨域生态环境信息资源开放共享机制建设而言,严格的考核是确保信息资源在区域内各治理主体间实现共享的重要保障。从目标评审环节的核心指标来看,山东、上海、贵州和浙江的建设水平位于全国前列,属于第一梯队,上述各省级行政区属于具有一定水平的技术积累,同时受到当地具有跨域生态环境协同治理的长期实践的影响以及对生态环境治理的重视(例如贵州省长期关注聚焦多元主体跨域协同治理领域),区域内已经具有一定程度的数字经济发展水平、人才能力水平、行业产业结构和相关信息化技术水平,相关的积累成为支撑上述省级行政区信息开放共享平台建设水平的重要因素。

而宁夏、四川、广西、广东和福建不但位于全国平均水平以上,同时位于全国开放共享平台建设水平的第二梯队,以及具备相当程度的数字经济与信息化技术发展水平,相关的软硬件条件是支撑上述地区平台建设较好水平的前提和基础。北京、天津、河南、安徽、重庆、海南和江西位于全国建设水平的第三梯队,原因在于起步时间较晚、相关建设经验仍有提升空间以及政策支撑倾斜程度相对其他省份较低,使得上述省级行政区开放共享平台建设相对受限。河北、陕西、江苏、湖北、湖南、甘肃6省位于全国第四梯队,而黑龙江、吉林、辽宁、内蒙古、山西、青海、新疆、西藏和云南地区则主要受限于数字经济发展水平滞后、相关信息技术和人才储备薄弱(见图4.11)。

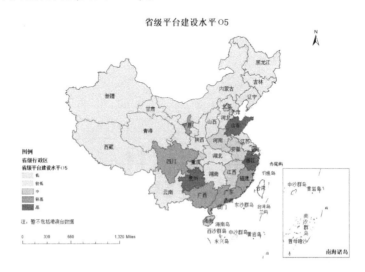

图4.11　省级平台建设水平指标分级可视化地图

(6) 信息资源质量水平(O6)

随着国家对数字政府、以协同治理激发数字红利和生态环境保护的重视,在信息资源开放共享实践中,对于公开和共享信息资源的质量管理逐步成为备受关注的热点议题。政府信息资源开放共享平台的建设中,平台由多元参与主体开放共享的高质量信息资源,以及对信息资源的开放利用使得社会各界能够参与到环境保护和治理中,为进一步实现环境数据的共享和利用价值的共创创造了条件①。从实践角度出发,现阶段已经在开放共享平台上线的各个信息资源数据集提供者不但包括政府本身,还包括了社会公众、企业和科研机构在内的多元参与主体。

---

① 司林波,裴索亚.国家生态治理重点区域政府环境数据开放利用水平评价与优化建议:基于京津冀、长三角、珠三角和汾渭平原政府数据开放平台的分析[J].图书情报工作,2021,65(5):49-60.

对于数据集的提供者而言,信息资源的质量能否满足多样化的信息资源利用需求同样是一个关键的影响因素,其两者之间并不是孤立存在的,而是彼此联系、相互影响的。从信息资源质量水平(O6)指标的数值来看,广东、山东、浙江和上海四地的信息资源质量水平相比于全国其他地方政府信息资源开放共享平台所开放共享的信息资源质量水平处于全国领先的位置。而四川、北京、天津、广西和福建 5 个省级行政区的信息资源质量水平则位于全国较高水平。结合开放共享平台建设水平来看,甘肃、陕西、河北、安徽和黑龙江 5 个省级行政区的开放共享平台建设水平和开放共享信息资源的数量有限,上述地区的信息资源质量水平也仍有较高的提升空间。而新疆、西藏、青海、云南、湖北、湖南、江苏、山西、内蒙古、辽宁和吉林的信息资源质量水平则显著低于全国平均水平(见图4.12)。

图 4.12　信息资源质量水平指标分级可视化地图

(7) 信息资源利用成效(O7)

政府信息资源开放利用是指政府相关部门将生产的未经加工的原始信息资源,通过政府信息资源开放平台向社会公开并定期更新,任何组织和个人都可以自由免费地获取、分享和利用这些信息资源的活动,实质上就是政府的信息资源通过社会进行再加工和再利用的过程。信息资源开放是实现信息资源增值开发与利用的前提,信息资源开放利用水平直接反映信息资源开放平台服务生态环境治理的能力和水平。开展生态治理重点区域的信息资源开放利用水平及其影响要素的研究,能够更好地提高各地政府信息资源开放平台的利用水平,缩小区域内及区域间信息资源利用的差距,实现信息资源提供者和信息资源利用者的价值共创和共享,进而使环境信息资源的开放利用更好地服务于生态环境治理实践①。信息资源的利用成效是指标体系内和目标实现与目标评审阶段的重要指标之一,我国当前在信息资源利用成效实现方面的表现相对有限。北京、上海、山东、浙江、贵州和四川 6 个地域在其地方政府信息资源开放共享平台所发布的信息资源得到了处于全国第一梯队的利用成效。而天津、江苏、江西、福建、广东、海南和重庆 7 个省级行政区的信息资源利用成效则位于全国较高水平,结合开放共享平台建设水平来看,尽管例如重庆、海南等省级行政区的开放共享平台建设水平和开放共享信息资源的数量有限,但该地区较高的开放共享利用成效则代表着该区域具有明显的信息资源开放共享的相关需求。除上述省级行政区外的其他地域的信息资源利用成效则均低于全国的平均水平(见图 4.13)。

图 4.13 信息资源利用成效指标分级可视化地图

① 司林波,裴索亚.国家生态治理重点区域政府环境数据开放利用水平评价与优化建议:基于京津冀、长三角、珠三角和汾渭平原政府数据开放平台的分析[J].图书情报工作,2021,65(5):49-60.

(8) 环境数据开放成效(O8)

在我国着力发展数字经济、信息化治理体系和现有的省级行政区信息资源开放共享平台建设的大背景和发展基础上,相当数量的省级行政区开放共享平台提供了关于生态环境协同治理信息资源的开放共享,从省级行政区生态环境数据开放的视角来看,我国已建成的 24 个省级行政区开放共享平台在环境数据开放成效的水平上处于发展差异较大的状态。从各建成平台提供的官方信息资源来看,上海和广东在生态环境信息资源的开放共享水平、程度和覆盖范围处于全国水平的前列,位于第一梯队。宁夏、山西、山东、四川和江西 5 省中,尽管部分省级行政区在开放共享平台的建设成效方面表现有限,但是通过平台所提供的生态环境数据开放共享成效却处于全国前列,说明上述 4 省生态环境保护与治理相关部门、机构和组织的开放互通程度较高,开放共享数据协同治理工作成果显著。而北京、江苏、重庆、浙江和贵州五大省级行政区则位于全国环境数据开放成效的中间水平。

尽管如江苏、重庆和北京三大省级行政区在信息资源开放共享平台建设成效与环境数据开放共享成效两大层面均表现不佳,贵州、浙江在环境数据开放共享成效方面主要是因为对应平台整体开放共享数据集体量大且与环境治理机构和组织合作紧密程度相对较低,导致上述两省的环境数据开放共享成效相对较低。而河南、湖南、广西、福建在关于环境数据开放共享的协同机制、政策倾斜、组织成效在全国范围内低于平均水平,黑龙江、吉林、辽宁、内蒙古、河北、山西、甘肃、新疆、青海、西藏、湖北、安徽和云南则仅有极为有限的环境数据开放成效。由此可见,"十三五"时期,我国尽管在数字政府、信息化治理和信息资源开放共享建设层面已经形成卓有成效的建设成果与产出,但是在生态环境信息资源开放共享的细分领域中,全国绝大部分地区仍存在缺位、失衡的情况(见图 4.14)。通过后续对于开放共享机制影响因素因果关系和解释结构模型构建与分析的结果进行剖析和梳理,可以为各省级行政区在提升环境数据开放共享成效的组织决策与方案制定层面提供科学、可靠的参考。

图4.14 环境数据开放成效指标分级可视化地图

4.2.3 各省级行政区内的环境类指标现状分析

(1) 数字经济发展水平(E1)

"十三五"期间,在国家与各级主管部门出台的各项关于数字经济和信息化产业发展规划的带动和引领下,我国多个地区的数字经济发展水平在相关信息技术人才培养和政策引导的基础上迅速发展起来。其中北京、山东、江苏、上海、浙江和广东6个省级行政区的数字发展水平位于全国前列,天津、河南、安徽、湖北、陕西、四川和福建处于全国范围内较高水平,辽宁、河北、江西、湖南和重庆5个地区的域内数字经济发展水平处于全国平均水平,而黑龙江、吉林、内蒙古、山西、贵州、广西、云南、海南、宁夏、甘肃、青海、新疆和西藏等西部、东北部和西南部省份则低于全国平均水平。本指标的制定与测算目的是在跨域生态环境协同治理信息资源开放共享指标体系中,探究、分析地区数字经济发展水平对当地开放共享平台建设的影响与传导效应,进而进一步为我国跨域信息资源开放共享政策路径的规划提供参考和支撑(见图4.15)。

图 4.15　数字经济发展水平指标分级可视化地图

(2) 生态环境治理成效(E2)

生态环境的整体性和污染的负外部性,使生态环境治理呈现出明显的跨区域性特征。生态环境信息资源是跨域生态环境协同治理的基础性资源,构建生态环境信息资源共享机制,促进政府生态环境信息资源的开放共享,已成为提高跨域生态环境治理决策科学化水平和提升生态环境协同治理效果的重要途径①。从生态环境治理成效来看,我国整体治理差距较低,包括江西、福建、湖南、广西、云南和海南在内的六大省级行政区生态环境治理成效位于第一梯队,由于评价指标是基于中华人民共和国生态环境部发表的《2021 中国生态环境状况公报》中我国首次发布的生态质量指数(EQI),部分省级行政区受益于自身自然资源条件优渥、工业发展规模较小、人为活动干扰程度较低,加之省级行政区内主管机构对于生态环境治理领域的重视与聚焦,使得诸如云南、湖南、福建等地治理成效相对较好。而包括四川、重庆、贵州、陕西、广东、湖北和浙江在内超过 30% 的

①　司林波,王伟伟.跨域生态环境协同治理信息资源开放共享机制构建:以京津冀地区为例
[J].燕山大学学报(哲学社会科学版),2020,21(3):96-106.

省级行政区处于我国生态环境治理成效的第二梯队,而青海、西藏、内蒙古、黑龙江、吉林和辽宁省尽管存在先天生态环境恶劣、工业污染规模较大或区域内经济发展水平较低等治理局限,但其在生态环境治理成效方面仍有亮点。而新疆、宁夏、甘肃、北京、山西、河南、天津、江苏、山东和上海 10 个省级行政区则受制于地理条件恶劣、城市化率高、工业生产规模大、人类社会活动范围广等制约条件,分别处于第四和第五梯队(见图 4.16)。

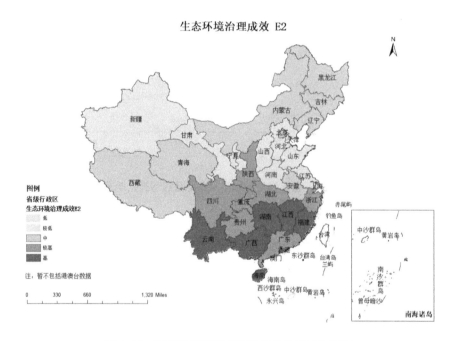

图 4.16　生态环境治理成效指标分级可视化地图

(3) 府际治理压力水平(E3)

在生态环境治理实践中,跨域生态环境协同治理信息资源共享区别于行政区内部生态环境治理信息资源共享的最大特征就是共享主体关系的复杂性。跨域生态环境治理涉及多主体间的信息资源共享,表现出共享主体的多元性特征。然而由于跨域特征带来的治理主体间的非隶属关系,使多元共享主体间的关系在基于府际治理压力的基础上呈现出更加复杂化的特征。因此从省级行政区间信息资源开放共享的治理压力水平来看,相关压力主要来自与行政区接壤的省级行政区数量、相接壤省级行政区治理成果的质量与水平、接壤行政区整体的治理水平等因素影响。从实际数据来看,安徽、江西、内蒙古、河北、河南、湖北、湖南诸省由于地处我国中东部地区,相邻接壤省级行政区多,受到接壤省级行政区治理水平和成果较高的影响。甘肃、四川、重庆、贵州、浙江和广东地区由于地处我国发展较为充分的中部、东部和南部地区,由于接壤省级行政区数量多、接壤省级行政区开放共享建设成效相对较高等因素,亦具有较高的省级行政区府际治理压力的水平,并同处于第二梯队。云南、广西、福建、山西、山东和江苏地区的府际治理压力水平相对第二梯队较低,处于中等治理压力水平。而北京、天津、青海、西藏、黑龙江、和新疆共计 6 个省级行政区,占总省级行政区的 20% 左右,由于上述省级行政区相邻接壤行政区数量少、接壤行政区发展水平相对落后、接壤省级行政区开放共享机制建设相对不足等,因此接受的府际治理压力水平相对不高。从整体来看,全国范围内大部分开放共享平台建设成效相对不足的省级行政区与信息资源开放共享府际治理压力水平较低的省级行政区基本一致(见图 4.17)。

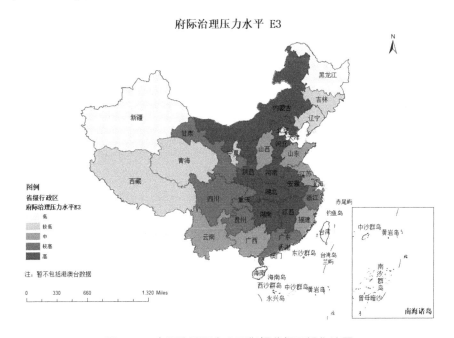

图 4.17　府际治理压力水平指标分级可视化地图

4.3　本章小结

　　本章基于以 TOE 框架为基础的多理论融合分析框架,设计构建出涵盖了跨域生态环境协同治理信息资源开放共享实践中关键影响因素的指标体系,总计14 个指标,其中包含 4 个技术因素指标、8 个组织因素指标以及 4 个环境因素指标。此外,本章还通过对全国 31 个省级行政区技术因素、组织因素和环境因素指标进行分级可视化分析,归纳了现阶段概况和发展特征,厘清了本研究各个指标当前在我国各个省(市、区)的地域特点、发展特征,并对部分指标与地域的现状归因进行了初步的讨论与分析。本章在前文对于跨域生态环境协同治理信息资源开放共享研究的背景、意义、现状、适切理论与基于 TOE 框架的多理论融合分析框架的基础上,构建了符合本研究主体、方向、内容与需求的指标体系,并通过对指标数据来源与数据特征的文本与可视化的说明与分析,初步厘清了我国当前在跨域生态环境协同治理信息资源开放共享领域的建设成效,并为后续的模型构建奠定了关于指标、数据和现实依据的研究基础。

第5章 跨域生态环境协同治理信息资源开放共享机制构建:基于 DEMATEL-AISM 方法的多级递阶结构模型

5.1 跨域信息资源开放共享指标的单向影响效应分析:基于最小二乘回归

5.1.1 基于最小二乘回归的单向影响效应计算原理:专家评价法的优化方案

在决策实验室分析法(Decision-Making Trial and Evaluation Laboratory, DE-MATEL)中,首先需要构建变量间单向影响效应矩阵,即通过分别确认两个影响因素间其中一个影响因素对另一个影响因素的影响水平,形成反映影响水平的矩阵。传统的单向影响效应矩阵往往是通过专家评价的方式以评估影响要素间的影响效应,然而专家评价法在研究实践中存在诸多难以规避的弊端,进而能够直接影响到最终的分析结果,而根据有偏差的分析结果进行体制机制优化设计时,则会使最终的对策建议偏离实际,从而使得研究成果失去参考性和科学意义。本书认为使用专家评价法构建单向影响效应矩阵具有如下缺陷和不足:

(1) 由于专家难以参与本课题研究全流程的设计、执行与审查环节,因此,相比于全程参与本课题的研究人员来说,相关专家可能无法在有限的时间内系统、全面、综合、客观、深入地理解本研究涉及领域的各项内容。由于专家对本研究主体和相关领域缺乏系统性和深入性的理解,在评估各影响因素间的单向影响效应时,存在对影响要素内容内涵理解偏差的可能性,由认知偏差导致模型构造结果的失真,将会对后续路径分析和政策体系分析的具体策略和逻辑产生负向影响,最终导致本研究在支撑实践决策和方案上参考意义的弱化和偏离。

(2) 专家评价结果的客观性会受到研究人员本身对于专家选择判断的局限性和主观性影响,可能存在选择专家与因素评估要求不一致的情况,同时被邀请参与评价专家存在自身视角聚焦和对领域专业认知局限性影响,使得最终的评价结果受到多重主观倾向性的影响,尽管在后续可以使用多样的对于量化评价的数据客观化处理以降低主观因素判断所带来的负面影响,然而仍旧难以完全消除其在计算过程中造成的结果偏差,而计算过程中产生的放大效应可能使得微小的偏差导致建模结果和实际情况的极大偏离。

(3)此外,由于难以评估专家的胜任素质,同时专家在评价过程中参考的评估标准不明确,容易使得受邀专家在专业水平和观点判断方面存在难以统一的情况,尤其可能出现在同一指标的片段评估上产生极端化差异的评估结果,并最终使得该指标在模型中的客观效用失真,造成该指标最终中心度、原因度、影响度、信息量和权重值偏离应有的水平,进而最终影响在定性分析和规范分析阶段对该指标路径规划和政策对策分析。

因此,为使得研究全流程具有更强的数理性、客观性和科学性,本研究通过使用建立普通最小二乘回归(Ordinary Least Squares,OLS)的方式,通过基于实际数据的客观定量方法,以逐一测定所有影响因素与每个目标影响因素间回归系数的方式,最终建立变量间的单向影响效应矩阵。普通最小二乘回归(OLS)是一种常用的估计线性回归方程系数的技术,最小二乘代表最小平方误差(SSE),该模型能够描述一个或多个独立定量变量与因变量(简单或多重线性回归)之间的关系,其模型算法为

$$Y_i = \beta_0 + \beta_1 X_1 + \beta_2 X_2 + \cdots + \beta_k X_k + \mu_i \qquad (5.1)$$

式中,Y_i 代表因变量,即被影响的变量;X_k 代表自变量,即需要测定 X_k 对 Y_i 的单向影响效应的变量;β_k 代表通过最小二乘法测得的回归系数,即单向影响效应;而 μ_i 代表该项回归中的随机误差项。在构建最小二乘回归前,还需对数据进行异方差检验,以保证模型参数估计量、变量显著性检验和模型预测结果的有效性,通常使用怀特异方差检验和 BP(Breusch-Pagan)检验,以检验数据是否存在异方差。如果检验发现数据存在异方差现象,则需要进一步进行数据处理、稳健标准误回归等方法以解决异方差现象所带来的问题。由此,本研究均在每次回归的模型构建过程中,使用 Robust 稳健标准误回归方法以规避数据中可能存在的异方差影响。此外,由于 DEMATEL 中无须考虑变量间影响效应的正负性,且关注的是变量间的影响程度,因此通过将构建的 14 个影响因素逐一作为因变

量,并测定除该因变量外其他所有影响因素(自变量)的回归系数的绝对值,最终得到所有变量对指标体系内 14 个影响要素的单向影响效用。

5.1.2　基于最小二乘回归的单向影响效应测定与分级

通过对本研究构建指标体系中所有 14 个影响因素分别作为因变量后,按照本章节"5.1.1 基于最小二乘回归的单向影响效应计算原理:专家评价法的优化方案"中所阐述的分析方法,最终得到基于最小二乘回归算法的跨域生态环境协同治理信息资源开放共享指标体系中 14 个指标间的单项影响效应矩阵(见表 5.1):

表 5.1　最小二乘回归系数绝对值矩阵

	Y=T1	Y=T2	Y=T3	Y=O1	Y=O2	Y=O3	Y=O4	Y=O5	Y=O6	Y=O7	Y=O8	Y=E1	Y=E2	Y=E3
X=T1	0.000	0.457	0.205	2.263	2.657	1.230	0.582	1.243	2.186	1.297	0.784	0.832	0.149	1.922
X=T2	0.111	0.000	0.058	0.684	0.234	0.338	0.224	0.204	0.129	0.935	0.121	0.535	0.371	0.896
X=T3	0.102	0.119	0.000	0.209	0.311	0.204	0.087	0.639	0.466	0.115	1.009	0.184	0.531	0.647
X=O1	0.090	0.111	0.017	0.000	0.235	0.064	0.058	0.051	0.103	0.134	0.144	0.153	0.229	0.712
X=O2	0.118	0.043	0.028	0.265	0.000	0.224	0.237	0.250	0.359	0.426	0.117	0.114	0.020	0.107
X=O3	0.358	0.405	0.119	0.469	1.465	0.000	0.139	0.614	0.671	1.122	0.269	0.252	0.271	0.482
X=O4	0.046	0.073	0.014	0.114	0.418	0.037	0.000	0.198	0.562	0.668	0.575	0.205	0.425	0.315
X=O5	0.127	0.086	0.131	0.133	0.574	0.216	0.257	0.000	0.631	0.737	0.923	0.021	0.367	0.446
X=O6	0.120	0.029	0.052	0.144	0.444	0.127	0.394	0.340	0.000	0.419	0.247	0.194	0.145	0.268
X=O7	0.048	0.142	0.076	0.124	0.351	0.142	0.313	0.265	0.279	0.000	0.007	0.078	0.027	0.012
X=O8	0.025	0.016	0.066	0.118	0.085	0.030	0.237	0.293	0.145	0.006	0.000	0.093	0.220	0.113
X=E1	0.114	0.301	0.050	0.529	0.351	0.119	0.356	0.029	0.482	0.290	0.393	0.000	0.271	0.346
X=E2	0.009	0.091	0.063	0.343	0.027	0.055	0.321	0.213	0.156	0.044	0.402	0.118	0.000	0.099
X=E3	0.039	0.075	0.026	0.363	0.049	0.033	0.081	0.088	0.098	0.007	0.070	0.051	0.034	0.000

在表 5.1 的列中,"Y=影响因素编码"代表该影响因素作为因变量,"X=影响因素编码"代表该影响因素作为自变量,则对于该矩阵的解读为"X=影响因素编码"(行)对于"Y=影响因素编码"(列)的回归系数(单向影响效应)。通过统计表 5.1 影响因素回归系数矩阵中回归系数的频数分布,可以观测到除各影响要素对自身的影响系数(矩阵中左上—右下对角线,值为 0)之外,得到回归系数绝对值的最小值为 0.006,最大值为 0.832(见图 5.1),极差为 0.838,通过建立数据分布箱形图检验得到矩阵中回归系数绝对值存在从 0.896~2.657 之间总计13 个离群值。

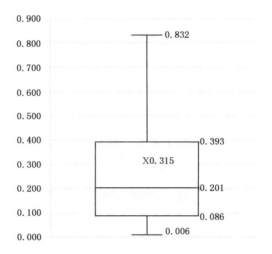

图5.1　单项影响效应矩阵数值分布箱形图

以箱形图可视化结果,将数据按照上限为0.832 0,下限为0.006 0的规则将除离群值外的所有数据平均分为20个频段则得到20个取值间隔为0.042 0的数据切片(见表5.2)。

表5.2　OLS回归系数矩阵频数划分表

频段	区间	频数	占比	累计占比	频段	区间	频数	占比	累计占比
频段01	[0.006 0,0.047 9)	26	14%	14%	频段11	[0.425 0,0.466 9)	5	3%	81%
频段02	[0.047 9,0.089 8)	20	11%	25%	频段12	[0.466 9,0.508 8)	4	2%	83%
频段03	[0.089 8,0.131 7)	29	16%	41%	频段13	[0.508 8,0.550 7)	3	2%	85%
频段04	[0.131 7,0.173 6)	13	7%	48%	频段14	[0.550 7,0.592 6)	4	2%	87%
频段05	[0.173 6,0.215 5)	9	5%	53%	频段15	[0.592 6,0.634 5)	2	1%	88%
频段06	[0.215 5,0.257 4)	12	7%	60%	频段16	[0.634 5,0.676 4)	4	2%	90%
频段07	[0.257 4,0.299 3)	10	5%	65%	频段17	[0.676 4,0.718 3)	2	1%	91%
频段08	[0.299 3,0.341 2)	6	3%	69%	频段18	[0.718 3,0.760 2)	1	1%	92%
频段09	[0.341 2,0.383 1)	11	6%	75%	频段19	[0.760 2,0.802 1)	1	1%	92%
频段10	[0.383 1,0.425 0)	6	3%	78%	频段20	[0.802 1,2.657 0)	14	8%	100%

随后以频段01开始,以四个频段划分为一级,最终得到总计5级单向影响效应评级,将表5.1单项影响效应矩阵中对角线数值为0的元素除外,总计182个矩阵元素按照五等分段,划分为单向影响效应非常低(级别0):频段01、频段02、频段03、频段04;单向影响效应较低(级别1):频段05、频段06、频段07、频段

08;单向影响效应一般(级别 2):频段 09、频段 10、频段 11、频段 12;单向影响效应较高(级别 3):频段 13、频段 14、频段 15、频段 16;单向影响效应显著(级别 4):频段 17、频段 18、频段 19、频段 20(含所有 13 个离群值)(见图 5.2)。

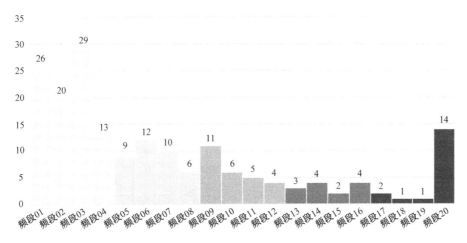

图 5.2　OLS 回归系数矩阵频数分布直方图分级可视化

　　根据级别划分,将单项影响效应矩阵中隶属于相对应频段和级别的数据,按照级别 0、1、2、3、4 的规则,定义为单向影响效应级别 0、1、2、3、4,进而最终形成以替代专家评价方法得到的单向影响效应矩阵作为实验室决策法模型的输入数据(见表 5.3)。

5.2　实验室决策法(DEMATEL)模型构建:基于单向影响效应分析

5.2.1　实验室分析法(DEMATEL)模型构建

（1）实验室分析法-对抗解释结构模型建模目的

　　本章将跨域生态环境协同治理信息资源开放共享机制研究所构建指标体系的影响因素纳入关于要素间因果关系和对抗解释结构的建模,通过构建基于实验室分析法(DEMATEL)和对抗解释结构模型(AISM)方法联用的算法模型,分析、阐明、厘清在多元主体参与、多并发条件影响的协同治理背景下,跨域生态环境协同治理信息资源开放共享机制运行于相互作用的内在机理,通过定性—定量—定性(构建指标体系—建立内在机理解释模型—针对建模结果给出对策建议)的分析闭环,挖掘、归纳各影响要素间的作用效应以及整体机制实现战略发展目标的因果流图,研究跨域生态环境协同治理信息资源开放共享宏观和细分目标实现的有效途径,并进一步为路径规划和政策体系完善方案提供科学依据。具体来讲,本研究通过定量建模和定性分析主要是为了解决以下几个问题:

表 5.3　单向影响效应矩阵:基于 OLS 归回系数测定

	T1	T2	T3	O1	O2	O3	O4	O5	O6	O7	O8	E1	E2	E3
T1	0	2	1	4	4	4	3	4	4	4	4	4	0	4
T2	0	0	0	4	1	1	1	1	0	4	0	3	2	4
T3	0	0	0	1	1	1	0	3	2	0	4	1	3	3
O1	0	0	0	0	1	0	0	0	0	0	0	0	1	4
O2	0	0	0	1	0	1	1	1	2	2	0	0	0	0
O3	2	2	0	2	4	0	0	3	3	4	1	1	1	2
O4	0	0	0	0	2	0	0	1	3	3	3	1	2	1
O5	0	0	0	0	3	1	1	0	3	4	4	0	2	2
O6	0	0	0	0	0	2	0	2	0	1	2	1	0	1
O7	0	0	0	0	2	0	1	1	1	0	0	0	0	0
O8	0	0	0	0	0	0	0	1	1	0	0	0	1	0
E1	0	1	0	3	2	0	0	0	2	2	0	0	1	2
E2	0	0	0	2	0	0	0	1	0	0	0	0	0	0
E3	0	0	0	2	0	0	0	0	0	0	0	0	0	0

① 全面了解能够影响跨域生态环境协同治理信息资源开放共享系统中的各项因素,采用核心营销要素构建指标体系,并基于指标体系系统性分析开放共享机制的内在机理。

② 整体性归纳我国当前省级行政区信息资源开放共享体系的发展现状,通过构建因果关系–对抗解释结构模型,以全面性透析开放共享机制的状态特征,并进而利用模型建构验证 DEMATEL-AISM 算法应用于协同治理背景下开放共享问题的适用性。

③ 以结构性分析明晰我国省级行政区结合生态环境协同治理信息资源的开放共享机制影响效应与内在机理,通过路径分析和机制分析,聚焦我国省级行政区层面信息资源开放共享的发展路径,并同时以全面的视域设计开放共享政策体系的优化策略。

(2) 决策实验室分析法模型原理

决策实验室分析法(Decision-Making Trial and Evaluation Laboratory,DEMA-TEL)模型是 1972 年由巴特尔纪念研究所日内瓦研究中心(Geneva Research Centre of the Battelle Memorial Institute)开发的一种使用矩阵或有向图可视化复杂因果关系的结构①。作为系统工程学中一种成熟的结构建模方法,DEMATEL 在分析系统组件(变量)之间因果关系的任务中表现出了显著的适用性。DEMATEL 模型可以确定各个影响因素间的相互依赖关系,并能够通过矩阵计算的方式最终绘制出能够反映因素之间关系的可视化图表,不仅如此,DEMATEL 还常被用于调查和解决具有多元参与主体或多并发条件环境的相关问题。该方法不仅能够通过矩阵将影响要素间相互依赖的关系转化为因果集群,而且能够建立原因度-中心度图以确定复杂结构系统中的关键影响因素。由于其具有鲜明的优势和适用性,DEMATEL 方法自形成以来,一直受到了来自学术界和工业界的广泛关注,世界各国的研究人员均有将该算法应用于解决各个领域的复杂系统问题的科学实践。此外,由于研究对象在现实系统中存在众多模糊和动态的信息, DE-MATEL 还具有能够与其他算法联用的特性,以便在不同的环境下更好地进行决策,本研究即通过预先构建基于变量间的最小二乘回归(OLS)模型(替代传统的专家评价方法),得到单向影响效应矩阵,随后根据 DEMATEL 的建模结果,处理后再次输入对抗解释结构(AISM)模型进行研究。本章节关于 DEMATEL 的算法原理如下:

步骤 1:建立直接影响矩阵 **O**

经典 DEMATEL 模型中的直接影响矩阵是使用专家评价法(包括个人判断法、专家会议法、头脑风暴法和德尔菲法),由受邀专家对研究指标体系中的各个

① GABUSA,FONTELA E. World Problems, An Invitation to Further Tought within Te Framework of DEMATEL[J]. Switzerland Geneva, Battelle Geneva Research Centre,1973(19):5-57.

影响要素进行影响程度评估,通过给定专家评价语义标度的方式(见表5.4),对每对影响要素给出基于整数形式的评价("无影响" = 0,"低影响" = 1,"一般影响" = 2,"较高影响" = 3,"显著影响" = 4),并得到直接影响矩阵 O。而本研究为进一步提升评估的全面性、客观性、科学性和整体性,已在本研究"实验室分析法–对抗解释结构模型单向影响效应分析:基于最小二乘回归算法"章节中使用基于最小二乘回归(OLS)算法模型,逐一计算出不同变量间的回归系数,并通过将回归系数进行分级分段的方式,构建变量间的单向影响效应矩阵,以代替专家评价法,得到初始直接影响矩阵 O。

表5.4　专家评价语义标度

语义变量	无影响	低影响	一般影响	较高影响	显著影响
标度	0	1	2	3	4

步骤2:计算综合影响矩阵 T

建立以5分级初始影响矩阵 O 后,通过规范化处理计算出规范直接影响矩阵 N,计算方法见式(5.2),其后考虑指标体系中各个影响因素间的直接影响和间接影响效应,以间接影响与直接影响相互累加的方式,计算得到综合影响矩阵 T,计算方法见参考式(5.3)。

$$N = \frac{O}{max}\left(\sum_{j=1}^{n} O_{ij}\right) \tag{5.2}$$

$$T = (N + N^2 + N^3 + \cdots + N^k) = \sum_{k=1}^{\infty} N^k = N(I - N)^{-1} \tag{5.3}$$

步骤3:计算影响因素间的影响度和被影响度

计算得到综合影响矩阵 T 后,通过计算因素 F_i 所对应行的影响效应得数之和得到影响度 D_i(见式(5.4)),通过计算因素 F_i 所对应列的影响效应得数之和得到被影响度 C_i(见式(5.5))。其中影响度 D_i 代表该影响因素对于其他影响因素的综合影响(包含直接影响与间接影响)程度,影响度 D_i 的值越大,代表该影响因素对其他影响因素的影响程度越大;被影响度 C_i 代表该影响因素被其他影响因素的综合影响(包含直接影响与间接影响)程度,被影响度 C_i 的值越大,代表该影响因素被其他影响因素的影响程度越大。

$$D_i = \sum_{j=1}^{n} t_{ij}, i = 1, 2, 3, \cdots, n \tag{5.4}$$

$$C_i = \sum_{j=1}^{n} t_{ij}, i = 1, 2, 3, \cdots, n \tag{5.5}$$

步骤 4:计算影响因素间的中心度和原因度

根据计算得到影响要素间的影响度和被影响度后,将影响度 D_i 与被影响度 C_i 相加可得该影响因素的中心度 M_i(见式(5.6)),将该影响因素的影响度 D_i 与被影响度 C_i 相减可得该影响因素的原因度 R_i(见式(5.7))。其中当一个影响因素的原因度 $R_i > 0$ 时,可以认为该影响因素为原因因素,当一个影响因素的原因度 $R_i < 0$ 时,可以认为该影响因素是结果因素。而中心度 M_i 代表该影响因素在系统中的重要性,中心度 M_i 的值越高,代表该影响因素在系统中的重要程度越高。

$$M_i = D_i + C_i \tag{5.6}$$

$$R_i = D_i - C_i \tag{5.7}$$

(3) 实验室分析法模型构建:基于指标体系和单向影响效应分析

根据本研究第 5.1 节"跨域信息资源开放共享指标的单向影响效应分析:基于最小二乘回归"中通过基于最小二乘回归算法得到的直接影响矩阵 O。随后根据已经说明的 DEMATEL 模型构建步骤,得到经过规范化处理的规范影响矩阵 N 后,再将跨域生态环境协同治理信息资源开放共享指标体系中的 13 个指标间的直接影响和间接影响进行累加计算后,得到由 DEMATEL 模型输出的能够反映指标间影响程度的综合影响矩阵 T(见表5.5)。

表5.5 综合影响矩阵 T

	T1	T2	T3	O1	O2	O3	O4	O5	O6	O7	O8	E1	E2	E3
T1	0.005	0.055	0.024	0.104	0.143	0.125	0.098	0.126	0.136	0.129	0.146	0.108	0.026	0.136
T2	0.001	0.003	0.000	0.026	0.042	0.111	0.034	0.033	0.015	0.013	0.108	0.074	0.056	0.114
T3	0.001	0.002	0.000	0.027	0.039	0.036	0.012	0.083	0.060	0.111	0.017	0.026	0.081	0.083
O1	0.048	0.051	0.001	0.011	0.124	0.068	0.021	0.091	0.095	0.045	0.127	0.035	0.035	0.073
O2	0.001	0.001	0.000	0.025	0.012	0.026	0.029	0.031	0.056	0.007	0.059	0.003	0.004	0.008
O3	0.000	0.000	0.000	0.001	0.004	0.006	0.001	0.001	0.001	0.001	0.002	0.000	0.024	0.096
O4	0.000	0.001	0.000	0.002	0.060	0.007	0.013	0.035	0.081	0.081	0.083	0.026	0.053	0.030
O5	0.001	0.000	0.000	0.026	0.087	0.006	0.037	0.015	0.084	0.105	0.110	0.004	0.054	0.054
O6	0.000	0.001	0.000	0.003	0.059	0.005	0.055	0.054	0.013	0.035	0.061	0.026	0.007	0.030
O7	0.000	0.000	0.000	0.001	0.026	0.002	0.026	0.026	0.004	0.006	0.005	0.001	0.026	0.002
O8	0.000	0.000	0.000	0.002	0.053	0.002	0.028	0.028	0.031	0.006	0.009	0.001	0.003	0.003
E1	0.000	0.024	0.000	0.002	0.058	0.080	0.056	0.009	0.056	0.056	0.037	0.004	0.031	0.061
E2	0.000	0.000	0.000	0.001	0.005	0.048	0.026	0.026	0.004	0.052	0.005	0.001	0.005	0.007
E3	0.000	0.000	0.000	0.000	0.001	0.048	0.000	0.000	0.000	0.000	0.000	0.000	0.001	0.005

DEMATEL 模型的构建结果还输出了指标间的影响度、被影响度、中心度、原因度和权重(见表5.6),其中影响度代表指标对其他要素的影响效应;被影响度代表该指标被其他要素的影响效应;中心度代表该指标在整个指标体系中的重要性;原因度指示的是该指标在整个跨域生态环境协同治理信息资源开放共享指标体系中作为原因因素而非结果因素的倾向性,影响度、被影响度、中心度、原因度和权重是 DEMATEL 模型的关键输出内容。

表5.6 影响度、被影响度、中心度、原因度

指标	影响度值(D)	被影响度值(C)	中心度值(M)	原因度值(R)
T1	1.356	0.059	1.415	1.298
T2	0.629	0.140	0.769	0.489
T3	0.576	0.025	0.601	0.551
O1	0.159	0.574	0.733	−0.416
O2	0.261	0.708	0.969	−0.446
O3	0.822	0.229	1.051	0.593
O4	0.469	0.434	0.904	0.035
O5	0.584	0.517	1.101	0.067

续表5.6

指标	影响度值(D)	被影响度值(C)	中心度值(M)	原因度值(R)
O6	0.310	0.634	0.943	−0.324
O7	0.164	0.764	0.928	−0.600
O8	0.101	0.643	0.744	−0.542
E1	0.472	0.309	0.781	0.163
E2	0.180	0.405	0.585	−0.225
E3	0.055	0.699	0.754	−0.644

5.2.2 决策实验室分析法(DEMATEL)模型构建结果分析

(1) 影响度分析

影响度指标是决策实验室分析模型的重要指标之一,该指标代表每个影响因素对于指标体系中其他要素的影响程度,影响度的值越大,代表该影响因素对于跨域生态环境协同治理信息资源开放共享的影响程度越大。从 DEMATEL 的建模结果来看(见图5.3),信息基础设施水平(T1)、信息科技人才实力(O3)的影响度 D_i 值分别是 1.356 和 0.822,远高于其他影响因素,因此,在政府部门、各组织主体和相关决策机构规划、计划、开展关于跨域生态环境协同治理信息资源开放共享工作和政策时,应在调研、讨论、制定的环节和过程中重点关注域内和跨域行政区内与信息基础设施水平和当前管理机构参与成效的状态与特点,从而通过以有效发挥技术优势和加大参与成效传导效率的实践路径带动整体开放共享战略目标的顺利实现。

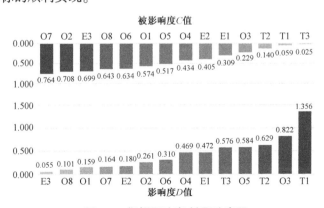

图5.3 指标影响度-被影响度图

信息技术创新能力(T2)、省级平台建设水平(O5)、数字政务应用能力(T3)、数字经济发展水平(E1)和开放共享准备水平(O4)的影响度 D_i 值均处于 0.400 至 0.630 之间,分别是 0.469、0.472、0.576、0.584 和 0.629,上述五个指标在开放共享机制中的影响程度亦不应该被忽视。从 TOE 分析框架的角度来看,在影响度 D_i 排名前七(50%)的因素中,所有三个技术因素指标均被涵盖在内,其影响度 D_i 分别位于首位、第三位和第五位,同时两个组织因素中的目标准备指标和目标实现指标则分别位于第二位和第四位,由此可见,相比于宏观环境因素来讲,省级行政区内开放共享机制中,当地的技术因素和组织因素发挥了更为显著的影响力,亦能够说明在宏观环境状态欠佳的区域内,通过聚焦当地技术和组织手段的建设方案,能够有效推动开放共享目标的实现。

(2) 被影响度分析

从被影响度 C_i 的视角来看(见图 5.3),在排名前四位的因素中,前三个因素均属于本研究多理论融合框架中的组织因素和宏观环境因素指标,分别是信息资源利用成效(O7)、公共政策支撑水平(O2)和府际治理压力水平(E3),结合协同治理理论来看,由于受到多参与主体、多并发环境条件的影响,目标实现、目标评审过程的相关工作以及府际治理压力水平,在开放共享体系建设过程中最容易受到来自其他因素的影响,此外来自协同治理视角的观点也从侧面佐证了将DEMATEL 模型应用在跨域生态环境协同治理信息资源开放共享研究中的合理性与正确性。环境数据开放成效(O8)、信息资源质量水平(O6)、管理机构参与成效(O1)和省级平台建设水平(O5)的被影响度 C_i 值则依次排在第四位、第五位、第六位和第七位,分别是 0.643、0.634、0.574 和 0.517。

而结合影响度来看,信息资源利用成效(O7)、环境数据开放成效(O8)和府际治理压力水平(E3)对于其他因素的影响程度极低,但被影响程度高,可以反映出在两个指标的双重验证结果下,组织实现信息资源开放共享发展目标建设的过程中,应该更多聚焦能够影响上述三个因素的影响要素。而开放共享准备水平(O4)和数字经济发展水平(E1)在影响度和被影响度排名中均位于中间水平,可以推断出在组织实践中,应该注意影响效应通过上述两个因素的传递作用,通过有效打通因素间的传导效应,以保证资源投入能够有效作用于预期目标。

(3) 中心度分析

系统工程学分析网络中,中心度 M_i 指标作为被广泛采用的关键概念,是一种能够度量影响因素中心性的重要指标,影响因素中心度 M_i 的值越高,则代表该影响因素在整个系统中的重要性越高。根据本研究 DEMATEL 建模结果建立的中心度–原因度可视化结果来看(见图 5.4),信息基础设施水平(T1)、省级平台建设水平(O5)和信息科技人才实力(O3),在整个系统中的中心度占据前三名的位置,同时上述三个指标在影响度和被影响度分析中亦位列前四名,即表现出了对整个信息资源开放共享机制中其他指标的显著影响力与被影响力,尤其是在建模结果中,信息基础设施水平(T1)表现出了远高于其他 13 个指标的中心性。

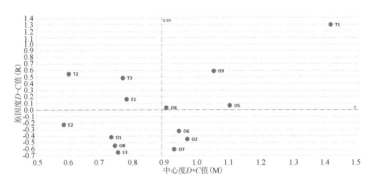

图 5.4　指标中心度-原因度图

同时,省级平台建设水平(O5)和信息科技人才实力(O3)的中心度也远高于其他聚集成组的指标,因此,中心度分析的结果再一次强调了组织主体和开放共享建设发展的方案制订与设计中,应该将上述三大影响因素作为需要聚焦的核心影响因素进行调研、考察和考量。此外,信息基础设施水平(T1)指标在多维度分析中均表现出显著重要性和影响度,因此可以认为在全国范围内跨域生态环境协同治理信息资源开放共享建设的过程中,各项影响因素和指标的建设成效主要取决于地方政府对当地信息基础设施硬件水平和管理成效方面的行动质量。

(4) 原因度分析

DEMATEL 模型中关于影响因素原因度 R_i 的解读同样是需要研究分析的重点之一,原因度表达了模型分析中影响因素作为原因因素或结果因素的偏向性,当原因度 R_i 为正数时,则代表该指标更偏向于系统中的原因因素,其正数数值越高,则代表该指标在系统中作为原因因素时更容易对其他影响因素产生影响,而当原因度 R_i 为负值时,则代表该指标更偏向于系统中的结果因素,其负值数值越小,则代表该指标在系统中作为结果因素时更容易被其他影响因素所影响。从本研究 DEMATEL 建模结果的指标中心度-原因度图来看(见图 5.4),散点图坐标系中的一、二象限代表系统内的原因象限,三、四象限代表系统内的结果象限。当描点落于第一象限时,则代表该影响因素具有高中心度和高原因度特性,即该要素重要性高且为原因因素;描点落于第二象限时,则代表该影响因素具有低中心度和高原因度特性,即该要素重要性低且为原因因素;描点落于第三象限时,则代表该影响因素具有低中心度和低原因度特性,即该要素重要性低且为结果因素;描点落于第四象限时,则代表该影响因素具有高中心度和低原因度特性,即该要素重要性高且为结果因素。

由图可以观察到作为原因要素的指标中,其原因度由高到低分别为信息基础设施水平(T1)、信息科技人才实力(O3)、信息技术创新能力(T2)、数字政务应用能力(T3)、数字经济发展水平(E1)、省级平台建设水平(O5)以及开放共享准备水平(O4),共计七个影响因素。而通过 DEMATEL 建模结果得到的结果因素按照程度由高到低排列依次为府际治理压力水平(E3)、信息资源利用成效(O7)、环境数据开放成效(O8)、公共政策支撑水平(O2)、管理机构参与成效(O1)、信息资源质量水平(O6)和生态环境治理成效(E2)。根据当前研究结果进行初步分析,在跨域生态环境协同治理信息资源开放共享系统和体系的建设中,组织主体、管理主体、决策主体和参与主体应该聚焦上述七个高正值原因度影响因素的设计、规划和管理,同时可以看到开放共享体系最终的建设成效主要还是受到省级行政区当地信息技术软硬件以及管理机构参与成效的影响,因此在相关政府机构和组织团体计划推进开放共享相关工作目标进度期间,应通过构建高效科学的管理机构参与机制,以协同治理为纲,在着手加强当地信息技术水平的同时,有意识地调用其他替代资源以有效规避由于信息技术软硬件发展水平的缺陷所带来的负面效应。

从结果因素的视角来看,府际治理压力水平(E3)、信息资源利用成效(O7)、环境数据开放成效(O8)作为整个研究指标体系中位列前三的结果因素,其更容易受到来自体系中其他因素的直接或间接影响,同时上述三个影响因素不仅有目标管理理论中的目标评审因素，还有宏观环境因素，亦可以看到开放共享机制的建立健全还与治理主体间的府际压力具有紧密关联。由此不但佐证了将 DE-MATEL 应用于协同治理、生态环境治理和开放共享相关研究的适切性，更反映出了地方管理机构在设计、制订、实现相关目标的过程中，应该关注各项可能对上述指标造成综合影响的要素，以保障管理投入能够有效地传导至上述三个结果因素当中去，以顺利实现既定的发展战略和规划目标。

5.3　实验室决策法-对抗解释结构（DEMATEL-AISM）模型构建：基于 DEMATEL 模型

5.3.1　实验室分析法-对抗解释结构（DEMATEL-AISM）模型构建

（1）对抗解释结构（AISM）模型构建原理

对抗解释结构模型（Adversarial Interpretive Structure Modeling，AISM）是 2020 年由系统工程学者提出的一种基于解释结构模型（Interpretative Structural Modeling，ISM）的改进建模方法。作为对抗解释结构模型算法的基础，ISM 模型是一种在系统科学方法中结构建模（Structural Modeling）领域被广泛使用的方法。ISM 模型构建的思路主要是通过分解、归纳、梳理由包含了多元影响因素在内的多个子系统构成整体体系，通过分析子系统中影响因素间的二元影响关系，通过矩阵计算、布尔逻辑运算的方式，将构成体系的多元影响因素构建成为一种能够避免系统整体功能损失的最简层次化有向拓扑图。相较于传统的基于文本、列表或公式描述系统结构的方式，ISM 模型能够以可视化层级拓扑图的表现形式，通过构建基于层级的系统影响因素因果层次的有向图表，直观地反映出研究对象的结构与本质。

作为系统科学中一种成熟的研究方法，解释结构模型通过定性分析整体系统中各个子系统影响因素的方式，以进行定量单向影响效应评估的方法，将定性分析有效转化为定量分析，随后通过基于布尔矩阵预算和拓扑分析等定量分析方法，最终将变量（影响因素）以定性的可视化形式作为结果输出。尽管建模的过程是以定量计算为核心的，但是建模过程中将节点、有向边和层级进行释义的分析过程又属于社会科学的定性分析范畴，因此可以认为 ISM 模型是一种将自然科学和社会科学有机联结在一起的高效研究方法。近年来解释结构模型在国际学术和工业领域的应用愈发广泛,从国际领域关于能源、成本规划、经济开发等研究,再到我国生态环境治理的因素分析、军事方法创新分析和区域科技创新能力分析等研究均有广泛而明确的应用实践。

对抗解释结构(AISM)模型法是在经典 ISM 模型中加入博弈对抗思想的改进模型,其核心在于通过改进原本解释结构模型的优先层级抽取规则,在以原因因素优先原则进行层级抽取的同时,通过建立一组与原因因素优先原则相对抗(即结果因素优先原则)的抽取规则,进而建立一组由帕累托最优集至帕累托最劣级的层级系列拓扑图。从层级图的绘制规则来看,即在由帕累托最优向帕累托最劣方式(由上向下放置层级要素)求解的同时,再由帕累托最劣向帕累托最优的方式(由下向上放置层级要素)构建层级拓扑图。因此,以对抗解释结构模型法构建的 UP 型拓扑层级图和 DOWN 型拓扑层级图最终能够组成对抗性层级图,而对抗性层级图所建构的 UP 和 DOWN 型拓扑层级图结果可能会在同一层级产生不同的模型输出结果差异,因此可以通过明确固定影响因素和分析活动影响因素的方式,对研究对象的内在逻辑机理分析提供更为科学、客观和可靠的定性分析与规范分析依据。本章节关于构建对抗解释结构(AISM)模型的计算原理如下:

步骤1:整体关系矩阵 Z 构建:基于 DEMATEL 模型综合影响矩阵 T

由 DEMATEL 模型输出得到以浮点数(小数)表示的综合影响矩阵 T 后,通过将阈值 $\lambda(\lambda \in [0,1])$(见参考式(5.8))引入综合影响矩阵 T 进一步简化系统结构后,计算得到整体关系矩阵 B(见参考式(5.9))。随后,为考虑到影响因素对自身的影响效应,通过与单位矩阵相加得到整体关系矩阵 Z(见参考式(5.10))。

$$\begin{cases} b_{ij} = 1, t_{ij} \geqslant \lambda \\ b_{ij} = 0, t_{ij} \leqslant \lambda \end{cases} \tag{5.8}$$

$$\lambda = \bar{x} + \sigma \tag{5.9}$$

$$Z = B + I \tag{5.10}$$

式中, $\bar{x}$ 代表综合影响矩阵 T 中所有影响因素间值的平均值; σ 代表综合影响矩阵 T 中所有影响因素间值的标准差。

步骤 2:构建可达矩阵 R :基于整体关系矩阵 Z

得到整体关系矩阵后,为得到最终系统内影响因素间的有向关系,通过连乘整体关系矩阵 Z 后得到可达矩阵 R(见参考式(5.11))。

$$R = Z^{r+1} = Z^r \neq Z^{r-1} \tag{5.11}$$

步骤 3:构建对抗层级

根据可达矩阵 R ,逐步建立系统指标体系中各个影响因素的可达集 $R(F_i)$ 、前因集 $A(F_i)$ 与共同集 $L(F_i)$,并根据博弈对抗思想,分别构建以结果优先(帕累托最优到帕累托最劣–层级由上到下构建)和原因优先(帕累托最劣到帕累托最优–层级由下至上构建)的法则(分别是 $L(F_i) = R(F_i)$ 与 $L(F_i) = A(F_i)$)进行对抗层级划分(见参考式(5.12))。

$$\begin{cases} R(F_i) = \{ F_i \mid F_i \in F, k_{ij} = 1 \} \\ A(F_i) = \{ F_i \mid F_i \in F, k_{ji} = 1 \} \\ L(F_i) = \{ F_i \in F \mid R(F_i) \cap A(F_i) = R(F_i) \} \end{cases} \tag{5.12}$$

步骤 4:计算骨架矩阵 S ,优化有向拓扑图影响因素结构:基于可达矩阵 K

得到可达矩阵 R 后,尽管可以通过对抗层级划分结束对于 AISM 模型的构建,并输出可视化有向拓扑图结果,但在维度较高(即影响因素较多,指标体系较复杂)的情况下,通过对可达矩阵 R 进行缩点计算,将矩阵 R 中的强连接因素通过缩点计算将强链接因素简化集成为一个整体性因素(强链接因素判断标准为影响因素 F_j 与影响因素 F_j 存在 $k_{ij} = k_{ji} = 1$ 的关系)并得到缩点矩阵 R ,随后通过删除已经具有邻接二元关系影响因素间的越级二元关系,得到骨架矩阵 S' (亦称缩边矩阵),最后一步通过移除骨架矩阵 S' 中因素自身可达的连接关系,将骨架矩阵 S' 左上-右下对角线矩阵值由"1"替换为数值"0",则得到将原可达矩阵 R 中拓扑关系最简化的一般性骨架矩阵 S (有时可达矩阵 R 已经是最简,可能与一般性骨架矩阵 S 相等)。

步骤 5:绘制对抗多级递阶结构图

最终根据步骤 3 中得到的对抗层级划分建模结果和骨架矩阵 F 得到的影响

因素最简优化,将 DEMATEL 模型构建结果中原因度与中心度信息嵌入,则可得到以 DEMATEL-AISM 模型法联用的对抗多级递阶结构模型可视化图表输出。

(2) 对抗解释结构(AISM)模型构建

根据 DEMATEL 模型构建输出结果得到的综合影响矩阵 T,根据参考式(5.8)、(5.9)计算可得综合影响矩阵 T 中实数集合的平均值 $\bar{x}$ 为 0.070,实数集合的标准差 σ 的值为 0.032,则将综合影响矩阵 T 转换为整体关系矩阵 Z 的阈值 λ 为 $0.100(\lambda = \bar{X} + \sigma = 0.038 + 0.032)$。按照参考式(5.9)的规则,将综合影响矩阵 T 实数集合中 $t_{ij} \geq \lambda$ 的实数在整体关系矩阵 Z 中对应位置实数 b_{ij} 的值构建为 "1",将综合影响矩阵 T 实数集合中 $t_{ij} \leq \lambda$ 的实数在整体关系矩阵 Z 中对应位置实数 b_{ij} 的值构建为"0",最终得到本研究需要输入至 AISM 模型中的整体关系矩阵 Z,转换过程见图 5.5。

	T1	T2	T3	O1	O2	O3	O4	O5	O6	O7	O8	E1	E2	E3
T1	0.005	0.055	0.024	0.125	0.142	0.104	0.098	0.122	0.135	0.145	0.129	0.108	0.026	0.136
T2	0.001	0.003	0	0.111	0.042	0.026	0.034	0.032	0.015	0.108	0.013	0.074	0.056	0.114
T3	0.001	0.002	0	0.036	0.039	0.027	0.012	0.081	0.06	0.017	0.111	0.026	0.081	0.083
O1	0	0	0	0.006	0.024	0.001	0.001	0.001	0.001	0.002	0.001	0	0.024	0.096
O2	0.001	0.001	0	0.026	0.012	0.025	0.029	0.03	0.056	0.058	0.007	0.003	0.004	0.008
O3	0.048	0.051	0.001	0.068	0.123	0.011	0.021	0.089	0.095	0.127	0.044	0.035	0.035	0.073
O4	0	0.001	0	0.007	0.06	0.002	0.012	0.033	0.081	0.083	0.081	0.026	0.053	0.03
O5	0.001	0	0	0.009	0.086	0.026	0.037	0.013	0.084	0.11	0.105	0.004	0.053	0.054
O6	0	0.001	0	0.005	0.057	0.002	0.054	0.029	0.011	0.058	0.032	0.025	0.006	0.029
O7	0	0	0	0.002	0.053	0.002	0.028	0.027	0.031	0.009	0.006	0.001	0.003	0.003
O8	0	0	0	0.002	0.004	0	0.026	0.026	0.004	0.005	0.006	0.001	0.026	0.002
E1	0	0.024	0	0.08	0.058	0	0.002	0.008	0.056	0.037	0.055	0.004	0.031	0.061
E2	0	0	0	0.048	0.005	0	0.026	0.026	0.004	0.005	0.052	0.001	0.005	0.007
E3	0	0	0	0.048	0.001	0	0	0	0	0	0	0	0.001	0.005

综合影响矩阵 T

	T1	T2	T3	O1	O2	O3	O4	O5	O6	O7	O8	E1	E2	E3
T1	0	0	0	1	1	1	1	1	1	1	1	1	0	1
T2	0	0	0	1	0	0	0	0	0	0	0	1	0	1
T3	0	0	0	0	0	0	0	1	0	0	1	0	1	1
O1	0	0	0	0	0	0	0	0	0	0	0	0	0	1
O2	0	0	0	0	0	0	0	0	0	0	0	0	0	0
O3	0	0	0	0	1	0	0	1	1	0	0	0	0	0
O4	0	0	0	0	0	0	0	0	0	1	1	1	0	0
O5	0	0	0	0	1	0	0	0	0	1	1	0	0	0
O6	0	0	0	0	0	0	0	0	0	0	0	0	0	0
O7	0	0	0	0	0	0	0	0	0	0	0	0	0	0
O8	0	0	0	0	0	0	0	0	0	0	0	0	0	0
E1	0	0	0	1	0	0	0	0	0	0	0	0	0	0
E2	0	0	0	0	0	0	0	0	0	0	0	0	0	0
E3	0	0	0	0	0	0	0	0	0	0	0	0	0	0

整体关系矩阵 **Z**

图 5.5　由综合影响矩阵 T 构建整体关系矩阵 Z 的转换过程:基于阈值 λ

得到整体关系矩阵 **Z** 后,根据本研究"5.3.1 对抗解释结构(AISM)模型构建原理"中关于 DEMATEL-AISM 的计算流程,分别计算、构建可达矩阵 **R**、缩点矩阵 **R'**、骨架矩阵 **S'** 以及一般性骨架矩阵 **S** 后,得到结构最简的对抗多级递阶结构可视化模型图(见图 5.6)。在本研究中,由于一般性骨架矩阵 **S** 的输出结果为可达矩阵 **R** 的结构已经是最简,因此本研究中无须对跨域生态环境协同治理信息资源开放共享指标体系中的影响因素进行集成合并。

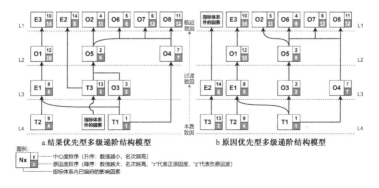

a.结果优先型多级递阶结构模型　　b.原因优先型多级递阶结构模型

图 5.6　跨域生态环境协同治理信息资源开放共享机制多级递阶结构模型

5.3.2 实验室分析法-对抗解释结构(DEMATEL-AISM)模型构建结果分析

由基于 DEMATEL-AISM 联用方法的跨域生态环境协同治理信息资源开放共享对抗多级递阶结构模型输出结果(见图 5.6)可知,在本研究中融入了跨域协同治理、生态环境治理信息资源以及开放共享系统所构建的指标体系中共计 14 个指标形成了自下而上四级三阶的有向递阶层次化结构。其中位于层级 1(L1)中的指标属于指标体系中的本质致因阶,即在所有指标中经过定量分析后最偏向于原因的指标,而中间层级 2~3(L2,L3)中的指标属于过渡致因阶,即可以被看作处于该层级中的指标即被体系中的本质指标所影响,又是开放共享体系建设影响要素中临近致因的原因因素,位于层级最上方的层级 1(L1)则属于指标体系中的临近致因阶,隶属于该层级中的指标则可以被看作整个指标体系中最容易被所关联要素影响的因素。

通过基于对抗思想的因素(指标)抽取规则所构建的结果优先型模型和原因优先性模型共同构成了基于 DEMATEL-AISM 联用方法的跨域生态环境协同治理信息资源开放共享对抗多级递阶结构模型组,图中的箭头则代表了因素(指标)间的关联与影响关系(箭头由原因因素指向指标)。而标注了"指标体系外的因素"的虚拟节点则代表了在本研究中暂时没有被纳入指标体系中的其他影响要素,同时未被纳入的指标亦能够影响或被已经纳入指标体系中的影响要素所影响。

由此,通过纵向分析结果优先型和原因优先型多级递阶结构模型的影响链,并横向比较不同类型的模型之间层级中所属的固定指标和活动指标,同时分析可能存在的且暂时未被纳入本研究指标体系中的指标,可以有效地构建出关于跨域生态环境协同治理信息资源开放共享体系建设指标体系的客观认知框架,并根据分析结果,有针对性地设计、规划与优化开放共享机制的实现路径与政策建议,进而为相关组织主体提供具有科学性、客观性、系统性和全局性的决策与方案参考。

(1)信息基础设施水平(T1)因素建模结果分析

本研究构建 AISM 模型的本质致因阶中,可以观察到不论是在结果优先型模型还是在原因优先型模型中均包含信息基础设施水平(T1)指标,且该因素只向其他因素发出有向线,而未接收到任何来自其他要素的有向线,因此可以看到在整个模型体系中,信息基础设施水平(T1)属于整个指标体系中的固定根本原因因素。"固定"是指该影响因素不论是在结果优先型模型中还是原因优先型模型中,该因素均位于同一层级,即本质致因阶中。"根本原因"是指该影响因素在模型中只向其他因素发出有向线,而不被其他影响因素影响。从原因优先型模型中可以得出,信息基础设施水平(T1)对信息科技人才实力(O3)、开放共享准备水平(O4)和数字经济发展水平(E1)产生了直接影响。结合 DEMATEL 的分析结果来看,在原因度上,信息基础设施水平(T1)同样成了整个指标体系中分值排名第一的原因度,而从中心度排名来看,信息基础设施水平(T1)亦是信息资源开放共享机制中最应被关注的首要指标,与信息基础设施水平(T1)在 AISM 模型中能够对多个开放共享核心因素产生综合影响的情况相匹配。

因此在推进跨域生态环境协同治理信息资源开放共享发展目标实现的组织实践中,相关负责政府机构在搭建开放共享运行框架的过程中,应该重点关注区域内信息基础设施水平所造成的综合性影响。当区域内信息基础设施水平处于欠佳或欠发达状态时,域内主管部门和计划制订机构应该积极考虑到在当地信息基础设施水平在短时间内难以发展的情况下,如何利用其他治理、管理和激励工具,保障省级行政区内受到该指标直接影响的各个重要工作面的推进效果,以使各项进度和水平不至显著落后于发达地区,而在信息基础设施相对充分发展的省级行政区中,相关部门和机构亦应该制订因地制宜的组织方案,通过充分利用本地信息基础设施水平优势,进一步加强本省级行政区内以高水平基础设施为出发点的保障能力与发展后劲。

（2）信息技术创新能力(T2)因素建模结果分析

根据对抗思路下的有向拓扑图能够得出,结果优先型多级递阶结构模型和原因优先型多级递阶结构模型中的信息技术创新能力(T2)都处于本质致因阶的 L4 层级中,因此,作为同属于 TOE 分析框架的信息技术创新能力(T2)与信息基础设施水平(T1)相同,亦是对抗解释结构模型中的固定原因因素。基于两种构建规则下 AISM 模型中有向线的关联关系而言,信息技术创新能力(T2)在两种模型构建规则下,均仅与数字经济发展水平(E1)相关联并对其产生直接影响,同时,信息技术创新能力(T2)在跨域生态环境协同治理信息资源开放共享机制中未受到其他因素的影响。结合 DEMATEL 分析结果来看,信息技术创新能力(T2)和信息基础设施水平(T1)同属于固定根本原因因素,且在 AISM 模型中所造成综合性影响相对较弱,因此,本指标在 DEMATEL 模型中同样成了排名为第九位的中心度(重要性)。

由此可见,尽管信息技术创新能力(T1)并不是开放共享机制中的决定性因素,但仍需要得到有关主体部门和专家学者一定程度的关注。具体来说,在跨域生态环境协同治理信息资源开放共享建设的组织实践中,主管机构和行动部门不但应该重点关注当地信息技术创新能力的影响效应,在有限的资源和发展态势下,通过设计、制定、优化、完善对应的政策机制,全力疏通信息技术创新能力对于数字经济发展水平和信息科技人才实力的赋能通道,实现激发省级行政区内信息技术创新能力潜力的同时,还应该关注省级行政区内信息技术创新能力对于其他影响因素的引导和影响效应。因此各省级行政区内相关负责和执行部门,在制定关于开放共享准备阶段执行预案和开展生态环境治理的日常工作中,应当将省级行政区内信息技术创新能力所带来的综合影响效应纳入考虑和讨论范围,着力加强由创新能力带动激活治理成效和目标实现的驱动力。

(3) 数字政务应用能力(T3)因素建模结果分析

基于两种构建思路下的多级递阶结构模型,数字政务应用能力(T3)在结果优先型和原因优先型两个构建模式中属于的层级不同,在 UP 型模型中数字政务应用能力(T3)位于 L3 层级,即过渡致因阶,而在 DOWN 模型中数字政务应用能力(T3)位于本质致因阶,在有向拓扑图下表现出不同层级的特点表明数字政务应用能力(T3)为活动因素。因此,该指标在结果优先型多级递阶结构模型中为活动因素,既可以对上一层同属于过渡致因阶的生态环境治理成效(E2)产生综合影响,又可以被下一层属于本质致因阶的信息基础设施水平(T1)和指标体系外的因素共同影响。同理可得,该指标在原因优先型多级递阶结构模型中为活动原因因素,由于数字政务应用能力(T3)位于 L4 层级的本质致因阶,所以只会向其他因素发出有向线,从有向拓扑图中可以观察到数字政务应用能力(T3)直接影响生态环境治理成效(E2)且不会被其他指标所影响。结合 DEMATEL 模型分析结果来看,本指标在整个指标体系内的中心度较低,排名为第 13 位,原因度的排名为第 3 位,与 AISM 模型建模结果得到了双重验证,即数字政务应用能力(T3)在开放共享机制中更偏向于原因因素而非结果因素。

因此,从实证分析的结果来看,尽管省级行政区数字政务应用能力在整个指标体系内,受制于有限的影响力而导致其重要性偏低,但仍旧证实了在现阶段,区域内生态环境的治理成效能够被当地数字政务应用能力所直接影响,这也和组织实践的实际情况相吻合,即有关部门通过在线数字化平台,将与生态环境治理的相关政务信息资源进行快速传输和交互,并综合运用大数据、云计算和模型分析等技术手段,有效推动了省级行政区内与生态环境工作相关部门机构的业务互联,提升了数据报送和方案审批的政务渠道,促进了基于环境信息共享的跨部门协同机制和集约化工作方式的形成,并能够最终传导至生态环境的治理成效上来[①]。

(4) 管理机构参与成效(O1)因素建模结果分析

对抗博弈规则分别构建的结果优先型和原因优先型多级递阶结构模型均将管理机构参与成效(O1)纳入过渡致因阶中,在具体层级来看,UP 型和 DOWN 型模型中,该因素均处于过渡致因阶的层级 L2 中,因此本指标属于 AISM 模型中的固定过渡因素。在有向拓扑结构中,管理机构参与成效(O1)在模型组中均同时且唯一收到数字经济发展水平(E1)发出的有向线,可以得到双重验证条件下管理机构参与成效(O1)因素的直接影响原因。而从管理机构参与成效(O1)因素发出的有向线来看,该因素同样在 UP 和 DOWN 型模型中同时且唯一向府际治理压力水平(E3)因素发出有向线。根据 DEMATEL 的建模结果不难看出,管理机构参与成效(O1)在开放共享机制中同样偏向于结果因素,原因度排名为第 10 位,且为负值,而中心度排名为第 12 位,对于整个跨域信息资源开放共享机制来说重要性相对较低。

结合目标管理理论,在管理机构和多方主体参与成效被证实愈加关键的趋势下,在"十四五"信息化规划发展目标的制订设计阶段、目标实现阶段和目标评

---

① 芮国强,张京唐. 数字化政府助推环境治理转型[EB/OL]. (2022-04-13)[2022-07-16]. http://news.cssn.cn/zx/bwyc/202204/t20220413_5403183.shtml.

审环节,相关主管部门和决策机构更应该重视多元主体和管理机构在同一战略发展目标和多元利益实现背景下共治共建的参与协同效应对最终目标实现所带来的相关影响。同样还应关注不同领域发展、技术基础和其他平行领域治理特点特征对于管理机构参与成效的作用力,在跨域生态环境协同治理信息资源开放共享目标实现的过程中,通过充分调研、沟通、考评潜在参与主体和实际协同参与主体的动态需求、利益和发展目标,以统筹协调和利益平衡的方式将所有能够产生实际价值的组织和机构有机联结在一起,最终通过提升技术和外部环境的方式,增强组织实践中主体机构的参与成效,并通过参与成效的优化,进一步保障各个发展目标的有力实现,使各省级行政区内开放共享发展目标又好又快实现,助力域内绿色低碳转型和高质量发展战略的达成。

(5) 公共政策支撑水平(O2)因素建模结果分析

从两种建构思路下得到的有向拓扑图结果来看,公共政策支撑水平(O2)在两个多级递阶结构模型中均位于 L1 层级,即临近致因阶,为固定结果因素,因此该指标是整个指标体系中最容易被其他指标所影响的因素之一。从因果关系来看,公共政策支撑水平(O2)在两种对抗思路下,均是省级平台建设水平(O5)的结果因素,即省级平台建设水平(O5)能够对其产生直接影响。结合 DEMATEL的建模结果来看,公共政策支撑水平(O2)的中心度(重要性)排名高达第 5 位,但其却属于根本性结果因素(位于临近致因阶且原因度为负值,处于指标体系内倒数第四位),未按照实践预期中对开放共享目标实现过程中的其他因素产生影响和传导效应,由此可以推断,在现阶段全国范围内省级行政区为支撑开放共享各项工作的相关公共政策,没有产生预期内的支撑效应,DEMATEL 的原因度分析结果也双重验证了这一点。

由此可见,在"十四五"时期中的信息资源开放共享工作中,主管单位和领导主体应重点关注为支撑各项时间工作的公共政策的内容有效性、引导效应和可行性,避免"好政策,难落实"效应的出现,通过深入一线调研,与多元参与主体和执行主体保持全流程实时互通的方式,确保政策文件的各项支撑效能能够有效地落实在具体的工作实践中,进而改变现阶段政策支撑效应无法传导至目标实现和目标评审的各项指标上去的困境,并最终实现乃至超越政策支撑的预期效应。

(6) 信息科技人才实力(O3)因素建模结果分析

在多元共治协同治理的理论背景和多并发复杂环境的现实背景下,各方跨域管理机构参与成效在整个生态环境协同治理信息资源开放共享体系内的运行机理和影响关系的研究日渐受到学者和社会各界的关注。在对抗思路下的多级递阶结构模型中,通过横向比较能够看出信息科技人才实力(O3)不仅在结果优先型模型而且在原因优先型模型中同位于 L3 层级。在本研究所构建 AISM 模型中,位于中间层级 L2 和 L3 的影响因素均属于过渡致因阶。因此,将存在于同一层级并且既能发出又能接收有向线的信息科技人才实力(O3)属于本研究中的固定中介因素。从有向拓扑图的角度来看,本指标在多级递阶结构模型中属于过渡致因阶,能够对省级平台建设水平(O5)产生直接影响,信息科技人才实力(O3)在作为原因因素的同时,也是其他因素的结果因素,具体来说信息科技人才实力(O3)还能够被信息基础设施水平(T1)直接影响。结合 DEMATEL 建模分析结果来看,信息科技人才实力(O3)的原因度排名为第 2 位,这也与其在 AISM 模型中能够对多达 5 个指标产生综合影响的特征相匹配,同时本指标的中心度排名为第 3 位,即该指标属于信息资源开放共享机制中的重要指标。

从实证结果来看,在现阶段,区域内的信息科技人才实力并未对开放共享各项目标实现和目标评审因素产生显著影响。由此,在"十四五"信息化发展规划目标实现的过程中,各省级行政区相关单位、机关、组织和团队应聚焦当地数字经济发展水平对于信息科技人才实力影响效应的正负向关系。尤其是在数字经济发展水平相对欠发达的省级行政区,应制订科学、合理、可行的科技人才引入、培养和激励计划,根据域内探明的数字经济发展水平对本影响要素的内在影响逻辑,在有效提升省级行政区内信息科技人才实力的同时,还能够将正向积极的影响效应传导至省级平台建设水平、生态环境治理成效以及信息资源利用成效上面去,进而助力开放共享建设目标的高质量实现,通过提升人才实力,以激发省级行政区内信息资源的内在红利,进而最终带动本省级行政区社会、生态、经济绿色高质量发展。

(7) 开放共享准备水平(O4)因素建模结果分析

在目标管理理论中,目标的设计与准备阶段是组织实行项目的关键环节,因此通过定量建模明晰开放共享准备水平(O4)因素在开放共享体系中的影响效应和关联逻辑则显得尤为重要。从对抗博弈的规则来看,不论是在结果优先型多级递阶结构模型中,还是在原因优先型多级递阶结构模型内,本影响因素分别位于过渡致因阶的L2层与L3层内,因此开放共享准备水平(O4)在AISM模型的分析结果中属于固定过渡致因因素。从有向线关联来看,开放共享准备水平(O4)因素在两种对抗规则下构建的拓扑层级模型中,均能够对信息资源质量水平(O6)、信息资源利用成效(O7)和环境数据开放成效(O8)产生直接影响。不仅如此,在两种构建规则的建模结果中,开放共享准备水平(O4)还同样被信息基础设施水平(T1)因素所影响,在结果优先型和原因优先型两种模型构建方法的双重验证下,以开放共享准备程度(O1)因素为核心的效应传导关联能够为相关机构和决策部门提供来自AISM模型得到的高可信度的定量分析结果支撑。从DEMATEL的分析结果来看,开放共享准备水平(O4)在原因度得分方面排名第7位,且属于整个开放共享指标体系中位列中间的原因度因素,因此可以认为开放共享准备水平(O4)从DEMATEL和AISM两种模型构建方法中都呈现出了该因素具备"承上启下"的因果特点。而DEMATEL的中心度(重要性)方面,开放共享准备水平(O4)因素的排名较高,因此在后续的研究和管理实践中,相关专家、领导和决策者应重点关注开放共享准备阶段的各项事宜,以确保整个开放共享发展规划能够以正向的带动效应促使各项影响因素和结果因素顺利实现预设目标。

(8)省级平台建设水平(O5)因素建模结果分析

不论是在TOE框架下还是在目标管理(MBO)理论中,作为信息开放共享建设的重要考核指标,各省级行政区开放共享平台的建设水平在国务院和地方政府多个规划中都是被纳入发展目标的明确考核项目之一,因此,省级平台建设水平(O5)作为影响因素的内在机理分析应作为整个模型结果分析重点关注的变量之一。从致因层级来看,在原因优先型和结果优先型多级递阶结构模型中,省级平台建设水平(O5)因素位于过渡致因阶的L2层级中;根据AISM建模层级划分特点来看,省级平台建设水平(O5)属于固定中介因素;从整体多级递阶结构来看,本影响因素在模型组中共同受到信息科技人才实力(O3)因素发出的有向线,并在结果优先型模型中受到环境数据开放成效(T3)的直接影响。因此,在对抗博弈条件下的实证结果表明了该因素在开放共享体系内的直接影响来源是信息科技人才实力(O3),并在一些情况下能够受到环境数据开放成效的带动性影响。此外在两种优先型多级递阶结构模型中,省级平台建设水平(O5)均能够对公共政策支撑水平(O2)、信息资源质量水平(O6)、信息资源利用成效(O7)和环境数据开放成效(O8)产生直接影响。结合 DEMATEL 的分析结果来看,省级平台建设水平(O5)在整体指标体系内原因度排名为第 6 名,排位水平中等;从中心度(重要性)结果来看,省级平台建设水平(O5)因素排名第 2 名,属于应该被多元参与主体和管理部门重点关注的影响因素之一。

由此,在跨域生态环境协同治理信息资源开放共享目标推进实现的现实实践中,相关政府机构、决策单位和执行团队应该首先关注开放共享准备水平和环境数据开放成效对省级平台建设水平所传导的直接和间接影响效应的内在机理,明晰能够影响省级平台建设水平影响因素间的影响逻辑和影响层面,通过制订针对性的发展方案和政策机制,在推进开放共享准备水平的同时,带动省级行政区省级平台的建设水平,在开放共享机制的建设过程中实现高投入产出比。同时还应关注构建省级平台建设水平(O5)下细分指标对于信息资源质量水平、信息资源利用成效和环境数据开放成效的影响效用和建设问题,通过系统分析省级平台建设水平的各项指标,构建符合本省级行政区环境特征、生态治理目标和开放共享目标的建设方案和配套政策。

(9) 信息资源质量水平(O6)因素建模结果分析

反映开放共享平台中已发布信息资源的利用价值与质量的信息资源质量水平(O6)指标,同样属于目标管理理论中关键的目标评审因素。建立符合用户习惯,互联互通高效便捷的开放贡献平台是完成开放共享目标的第一步,而在优秀平台建设的基础上,能否上传发布具有高质量水平的信息资源才是开放共享目标实现过程中最为关键的考查点之一。基于结果优先型和原因优先型有向拓扑图,能够观察出信息资源质量水平(O6)与环境数据开放成效(O8)和信息资源利用成效(O7)相似,在整个对抗解释结构模型中均处于整个指标体系的 L1 层级的临界致因阶中,且为固定结果因素,即处于临界致因阶中的影响因素不会对其他影响因素发出有向线,所以在结果优先型和原因优先型多级递阶结构模型中信息资源质量水平(O6)同时受到省级平台建设水平(O5)和开放共享准备水平(O4)的直接影响。由此可见,在各省级行政区主管单位指导下的开放共享实践工作中,应重点关注在省级信息资源开放共享平台的设计建设阶段和开放共享各项工作的前期准备环节,通过深入调研,规划、设计、制订具有明确数据质量规范和标准的信息资源开放共享方案,以保证省级平台上线后数据库中信息资源的质量水平符合社会公众和政府内部机构间的信息资源利用需求,进而避免为达成特定考核指标而上传低质量信息资源,进一步产生浪费信息技术软硬件资源情况的发生。

(10) 信息资源利用成效(O7)因素建模结果分析

信息资源利用成效(O7)属于 TOE 理论框架中的组织因素,在目标管理(MBO)理论中属于目标评价影响因素。从对抗博弈规则来看,该因素在结果优先型多级递阶结构模型和原因优先型多级递阶结构模型中同处于临近致因阶的层级 L1,因此属于固定临近致因因素,从有向图视角来看,该因素在两种优先型多级递阶结构模型中收到来自省级平台建设水平(O5)和开放共享准备水平(O4)两个指标体系内影响因素的有向线。从 DEMATEL 的建模结果来看,信息资源利用成效(O7)的原因度值为负,且原因度排名倒数第二(第 13 名),由此可见信息资源利用成效(O7)在整个跨省与生态环境协同治理信息资源开放共享因素中属于根本性原因因素,且更偏向于受到其他影响因素的影响,而非能够主动影响其他指标要素,这一点结合 AISM 模型构建结果中,信息资源利用成效(O7)因素被多个其他影响因素发出有向线所链接,因此也能够从双重检验的角度中证实该影响要素的原因性。从 DEMATEL 建模的中心度(重要性)得分来看,信息资源利用成效(O7)位于整个开放共享指标体系的第 6 位,作为原因因素的排名较高,在整体排名中位列中等水平,尽管在 DEMATEL 模型构建中的中心性相对偏低,但是结合目标管理理论核心观点,相关机构和组织团体在实现开放共享发展目标的过程中仍应关注本影响因素。

由此,在各个省级行政区实现开放共享体系建设发展目标的过程中,应该着力关注指标体系内其他影响因素对省级行政区信息资源利用成效的影响效应,并由其应该结合目标管理理念,通过设计、制定、规划合理科学的开放共享准备工作和执行预案,聚集、组织、带动项目建设过程中信息科技人才保障和功能实现能力,确保能够建立符合社会需求、发展需要和协同治理规范的省级平台建设成果,进而最终使得本省级行政区包括生态环境协同治理信息资源在内的开放共享平台机制能够高效运行,进而充分激发省级行政区内数字红利。

(11) 环境数据开放成效(O8)因素建模结果分析

作为同属于目标管理理论中的目标评审环节,环境数据开放成效(O8)和信息资源利用成效(O7)同属于对于省级行政区省级平台建设水平考核的重点项目。基于两种构建模式下的 AISM 模型,从致因层级来看,在结果优先型多级递阶结构模型中,环境数据开放成效(O8)位于 L1 层级,在原因优先型多级递阶结构模型中,本影响因素同位于 L1 层级。对于整个指标体系而言,L1 上的指标均为临近致因阶。综合观察整个对抗解释结构模型,位于不同层级的结果优先型和原因优先型显示结果表明,环境数据开放成效(O8)属于固定结果因素。观察两种多级递阶结构模型能够看出,省级平台建设水平(O5)对本指标产生直接影响的同时,还能收到对开放共享准备水平(O4)发出的有向线。同理,观察结果优先型多级递阶结构模型可以得出。结合 DEMATEL 模型构建结果来看,环境数据开放成效(O8)指标的原因度和中心度排名分别为第 11 名和第 12 名,属于指标体系中的重要结果因素,这与 AISM 建模结果相吻合。

因此,各省级行政区相关组织部门、管理机构和生态环境治理主体在"十四五"信息化发展目标实现过程中,应更加注重生态环境相关信息资源的开放共享成效对于信息资源开放共享平台、数据集质量以及信息资源利用的带动作用,通过进一步组织加大信息科技人才和信息技术分析能力在生态环境信息资源上的倾斜投入,以提升生态环境协同治理信息资源开放共享成效所激发出的数字、信息和算力资源红利,进一步通过带动省级行政区内生态环境治理的数字化、智慧化和智能化,最终实现生态环境治理向新范式的转换和升级的同时,引导信息资源开放共享其他关键考核要素的质量提升。

(12) 数字经济发展水平(E1)因素建模结果分析

本研究构建的指标体系中,数字经济发展水平(E1)在 AISM 模型中两种优先型多级递阶结构构建规则中,均同时出现在过渡致因阶的层级 L3 中,因此数字经济发展水平(E1)在本 AISM 模型中属于固定过渡致因因素。从综合影响关系来看,本指标不论在结果优先型多级递阶结构模型中还是在原因优先型多级递阶结构模型中,都受到了来自信息技术创新能力(T2)的直接影响,并且均向管理机构参与成效(O1)因素发出有向线,由此可以认为,基于 DEMATEL-AISM 方法联用所构建的模型结果表明在开放共享指标体系中,省级行政区内数字经济发展水平能够影响生态环境治理成效,并且受到域内信息技术创新能力的影响。结合 DEMATEL 分析结果来看,省级行政区内数字经济发展水平的原因度排名在整体影响因素中处于第 5 位,能够对数个指标体系内的影响因素产生直接或间接影响,然而在总计 14 个影响因素中,数字经济发展水平(E1)因素的中心度(重要性)却位列第 8 位,结合整体指标来看,本影响因素在整个指标体系内能够产生的影响效应有限,主要是因为其影响效应在现阶段没有显著传导至开放共享建设工作的重点指标当中去。

在"十四五"期间,各省级行政区相关管理和组织部门可以通过加大支持域内数字经济发展相关投入,提高区域内数字经济的发展水平,带动、形成省级行政区内开放共享体系整体建设的良性传导效应。同时,从数字经济发展水平的中心度角度来看,本指标发展程度较低的省级行政区亦能够通过寻找、补足、挖掘其他能够带动生态环境治理成效的治理工具包与实现路径,进而打造出良好的生态环境治理成效。不过在国家提出"全国一盘棋"和多个"十四五"期间的发展规划与战略目标下,通过着力提升区域内数字及经济发展水平,进而打造现代化数字政府与治理新范式已经成为我国发展和多元协同治理的新形势、新趋势、新要求、新力量和新驱动。因此,本研究通过构建 DEMATEL-AISM 模型分析结果进一步以定量定性相结合的方式佐证与支撑了发展数字经济的必要性、重要性和先进性。

(13) 生态环境治理成效(E2)因素建模结果分析

从目标评审的角度来看,生态环境治理成效(E2)作为各省级行政区生态环境治理考核环节的关键指标,厘清信息资源开放共享对于各省级行政区生态环境治理成效的作用机理则变得日愈重要。从对抗解释结构模型的构建结果来看,同时在结果优先型多级递阶结构模型与原因优先型多级递阶结构模型的分层分阶结果来看,生态环境治理成效(E2)因素分别位于临近致因阶的层级 L1 和过渡致因阶的 L3 层中,生态环境治理成效(E2)在 AISM 模型的分析结果中属于活动影响因素。从有向拓扑图的层面来看,在博弈对抗规则的模型建构方法中,生态环境治理成效(E2)在结果优先型和原因优先型多级递阶结构模型中均受到了来自数字政务应用能力(T3)的综合影响。从初步的分析结果来看,在开放共享发展目标的推进过程中,生态环境的治理成效逐步形成了能够被当地数字政府治理能力所影响的新特性。结合 DEMATEL 的分析结果可以看到生态环境治理成效(E2)的原因度排名处于整个跨域生态环境协同治理信息资源开放共享指标体系中第 8 位,因此可以认为本影响因素在开放共享体系中主要接收来自其他要素和变量的影响效应传导,而其由自身向外传导的综合影响效应较低,且从原因优先型多级递阶结构模型中来看,生态环境治理成效(E2)能够进一步对指标体系外的其他因素产生直接影响。从 DEMATEL 的中心度(重要性)定量分析结果来看,生态环境治理成效(E2)在整个指标体系内的重要性排名为第 14 名,低于管理机构参与成效(O1)和数字政务应用能力(T3)等关键因素。

因此,结合本研究的定量分析结果来看,在未来的跨域生态环境协同治理信息资源开放共享的组织实践和目标实现过程中,相关政府机构和方案规划部门应该充分考虑到省级行政区当地生态环境治理成效在整个开放共享机制中发挥的作用力与反作用力,而非仅仅将生态环境治理成效作为与开放共享发展目标的附带或平行影响因素看待,并且应该以因地制宜的理念,将生态环境治理、开放共享目标实现与多元管理机构参与协同机制方案进行统筹、协调和一体化的政策规划与战略部署,确保生态环境与信息资源开放共享能够在统一、明确的步调下实现高质量协同发展。

(14) 府际治理压力水平(E3)因素建模结果分析

府际治理压力水平(E3)因素在原因优先型和结果优先型多级递阶结构模型中位于层级 L1,属于临近致因阶,在两种构建规则下所表现出相同的层级坐标表明府际治理压力水平(E3)因素属于 AISM 模型中的固定结果因素。此外,从本因素的影响关系与有向线关联来看,府际治理压力水平(E3)主要受到管理机构参与成效(O1)的影响,并且在 AISM 模型中,府际压力治理水平未表现出对跨域生态环境协同治理信息资源开放共享指标体系中的其他要素产生直接影响。从 DEMATEL 分析结果来看,府际治理压力水平原因度得分排名第 14 位,且原因度为负值,因此府际治理压力水平在实践中的理解应认为其更偏向于机制中的结果因素,即存在特定其他因素能够对府际治理压力的水平产生影响,因此 DEMATEL 的分析结果也佐证了本研究方法对于本研究领域的适切性,而从影响要素的中心度(重要性)来看,府际治理压力水平(E3)在整个指标体系中排名为第 10 位。

由此可以认为,在本研究中,对府际治理压力水平的指标构建规则、构建方式与构建思路在后续的研究中还存在更为科学、有效和客观的计量方式,同时府际治理压力水平的影响对象在 DEMATEL-AISM 模型结果中来看,其能够被省级行政区内管理机构参与成效所影响的现象表明,在现阶段各地方政府的治理压力主要来源之一是相邻地区的管理机构参与成效。因此在"十四五"时期,各省级行政区相关管理机构和科研团体,在以已经被验证的影响效应作为参考,推动开放共享机制和体系优化完善的同时,还应该将目光关注在府际治理压力水平的形成、作用机制与综合影响关联等方面的聚焦研究,通过进一步明晰府际治理压力水平在整个开放共享体系中的实际效应,进而提出具有针对性的能够激发优势、补足短板的治理对策和政策机制。

综上所述,通过向 DEMATEL-AISM 法联用模型中输入基于 OLS 回归代替专家评分法所形成的单向影响效应矩阵,而构建的能够反映跨域生态环境协同治理信息资源开放共享机制的多级递阶结构模型,从实证核心流程创新和模型应用领域创新的角度丰富拓展了生态环境协同治理与信息资源开放共享的研究方法和学术成果。从建模结果中所包含的指标间的因果关系和机制内的运行机理来看,在现阶段指标体系中,指标间主要形成了三条双重验证下的因果关系链,即在原因优先型和结果优先型多级递阶结构模型中,拓扑关系相同的因素链接。如图 5.7 所示。

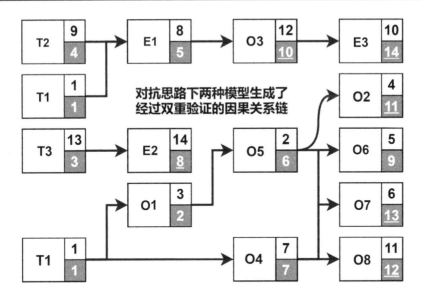

图 5.7　双重验证下的因果逻辑链

第一个是以府际治理压力水平(E3)为结果的逻辑链,在该因果逻辑链中,信息基础设施水平(T1)和信息技术创新能力(T2)被证实能够对当地数字经济发展水平(E1)产生直接影响,并能够进一步影响该省级行政区内的信息科技人才实力(O3),随后最终影响该地区的府际治理压力水平(E3),该因果逻辑链表明了在现阶段内信息技术因素和基础设施水平对当地数字经济和人才实力的影响效应,并进一步点明了在跨域生态环境协同治理信息资源开放共享目标实现过程中,管理主体单位与地方政府应同时将重点聚焦至如何将技术和数字经济优势传导效应与开放共享目标因素打通链接的议题。

第二条因果关系链主要揭示了数字政务应用能力(T3)和生态环境治理成效(E2)具有显著的直接影响效应,通过该逻辑链从实证角度的进一步验证,表明了在现阶段数字政府、数字政务和现代化信息治理体系已经能够有效地赋能当地生态环境的治理成果,因此,在"十四五"期间开放共享下一步的建设过程中,还应关注以数字政府建设进一步带动其他多元协同治理目标实现的方案设计与实践规划。

第三条因果逻辑链主要反映了多个 TOE 多理论融合框架下组织因素中关键指标的因果效应传递关系,也是本研究中最为核心的因果关系链之一,其中信息资源质量水平（O6）、信息资源利用成效（O7）与环境数据开放成效（O8）都被证明了受到开放共享准备水平（O4）和省级平台建设水平（O5）的直接影响，而信息基础设施水平（T1）则是能够对信息科技人才实力（O3）和开放共享准备水平（O4）造成综合影响的根本性原因因素。由此可见，在下一阶段的开放共享目标推进过程中，各级政府和主管部门应通过充分利用当地信息基础设施，加大加强管理机构参与成效，充分打好开放共享准备基础等先期工作，以最终为开放共享各项绩效考核中关键的指标起到高质高效的传导和支撑作用，同时还应调整各项用于支撑开放共享工作的公共政策，通过强内容、保落地的方式，进一步打通公共政策支撑水平对于最终开放共享各项考核指标的影响效应，以保障地区跨域生态环境协同治理信息资源开放共享发展目标在预定期限内得到高质量发展与实现。

根据实验室分析法（DEMATEL）和对抗解释结构模型（ASIM）法联用得到的模型构建结果表明，DEMATEL算法中，影响因素的中心度得分与排名与AISM模型中的对抗博弈层级、有向线连接关系没有明显关联；从算法和模型构建规则来看，DEMATEL方法中，影响因素的中心度得分是通过该因素影响度与被影响度相加之和得到，因此中心度得分模糊了影响因素的原因和结果属性。因此，在DEMATEL方法中，中心度指标和AISM模型相对而言的互相参照性与双重验证性较弱。而DEMATEL方法中的原因度指标则与AISM模型中构建的拓扑层级具有显著的相关性，其原因度排名越高，该影响因素在AISM模型中则更倾向于成为原因因素，属于或靠近本质致因阶，其DEMATEL方法中影响因素的原因度排名中等的则位于或靠近AISM模型中的过渡致因阶，即该影响因素既接收由其他要素发出的有向线，又向其自身以外的影响因素发出有向线，而实验室分析法中原因度排名靠后的影响因素，在对抗解释结构模型中也符合处于或趋近于临近致因阶的拓扑层级，由此可见，通过DEMATEL-AISM两种方法联用的分析模式所输出影响因素的原因与结果性质能够被双重验证、相互校对并清晰解释。

而对抗解释结构模型（AISM）和传统解释结构模型（ISM）来讲，对抗解释结构通过引入对抗博弈的思想，使得影响因素和拓扑层级构建规则能够分别从结果和原因两个角度展开分析、相互佐证，并挖掘固定影响因素和活动影响因素。相比于传统解释结构模型来说，仅增加了极为有限的工作量，并且没有改变原有成熟算法的复杂度,更增加了模型输出结果的可信度、差异性和可解释性。尽管本研究的建模结果达到并一定程度超越了预期之内的分析成果,但是在指标体系构建的全面性上,受到可靠数据、信息来源的制约,在指标的全面性上仍有进一步补全、完善的空间和潜力,在 AISM 模型构建中,一些未被纳入指标体系的影响因素通过设置虚拟节点(虚拟变量)的方式对模型进行优化、补全,以进一步提升模型的清晰度和可解释性,因此在未来的研究中,如何构建以及如何挖掘跨域生态环境协同治理信息资源开放共享体系内更为全面、翔实的影响因素和指标变量的框架、思路和方法还值得后续对此领域有研究兴趣和意向的学者进一步探讨与实现。

5.4 本章小结

本章根据基于 TOE 框架构建的多理论融合分析所形成的系统边界与指标体系,通过使用普通最小二乘回归算法得到的指标间两两对应的单向影响效应矩阵作为以专家评价法构建的综合影响矩阵的优化替代方案,将单向影响效应矩阵输入基于 DEMATEL-AISM 方法的多级递阶结构模型,得到了跨域生态环境协同治理信息资源开放共享机制中指标与指标间、指标与系统整体间的因果逻辑关系、中心度和原因度等重要结果,并输出开放共享机制间的拓扑对抗层级图,进而以现代系统工程的视阈,厘清跨域生态环境协同治理信息资源开放共享机制中各指标间相互作用的内在机理。本章基于前文以多理论融合分析框架所形成的系统边界与指标体系,构建了以全国 31 个省(市、区)为对象的跨域生态环境协同治理信息资源开放共享机制,该机制能够与后续研究中以沿黄河九省区为对象的机制进行对比,并根据机制特点和地域异同,有针对性地从实证视角出发,提出目标实现的政策路径规划与建议。

第6章 跨域生态环境协同治理信息资源开放共享机制应用实证分析：以沿黄河九省（区）为例

6.1 沿黄河九省（区）跨域生态环境协同治理信息资源开放共享数据来源与处理方式

6.1.1 在沿黄河九省（区）跨域生态治理中应用的研究目的

跨域生态环境协同治理信息资源开放共享多级递阶结构模型的构建为对具有跨域特征的区域生态环境协同治理信息资源共享指标中的因果关系和内在机理的探明提供了分析方法。本章将运用该分析方法对具有典型跨域特征的沿黄河九省（区）生态环境信息资源开放共享中指标间的因果关系和内在机理进行分析。通过以沿黄河九省（区）为例的应用分析，为跨域生态环境协同治理信息资源开放共享机制在特定区域内的政策路径规划提供支撑和参考。

黄河自西向东流经9个省区，涉及主体多、地理跨度大、地形地貌复杂，流域内经济发展水平、人居特点、文化风俗、环境问题等方面具有差异显著。传统的"各自为政"的信息资源开放共享模式，可能会加剧"数据保护主义"的蔓延。以数据共有、共用、自由流动为特点的精准共享，可加强沿黄政府间的内外联动，打破横亘在共享主体之间的体制机制障碍，激发信息资源开放共享的内生动力。随着大数据技术的发展，信息化和数字化成为社会发展的必然趋势。习近平总书记强调："要运用大数据提升国家治理的现代化水平。"①黄河流域生态保护和高质量发展作为国家重大发展战略，在全国生态安全和经济发展中具有举足轻重的地位，实施环境数据精准共享是沿黄政府适应社会发展的客观选择。2018

---

① 中华人民共和国中央人民政府. 习近平主持中共中央政治局第二次集体学习并讲话［EB/OL］.（2017-12-09）［2021-03-18］. http://www. gov. cn/xinwen/2017-12/09/content_5245520. htm.

年生态环境部审议通过的《2018—2020 年生态环境信息化建设方案》中提出,要建设生态环境大数据、大平台、大系统,形成生态环境信息"一张图"①;2020 年 1 月,在河南省召开两会之际,大数据专家王军在接受采访时提出"应充分利用大数据技术,建立沿黄流域生态环境空天地一体化数据平台"②;2021 年 6 月,在科学数据与数字经济研讨会上,与会代表就如何实现黄河流域科学信息资源开放共享进行了激烈的讨论,并形成《黄河流域基础科学数据开放共享倡议书》③;2021 年 10 月,中共中央、国务院印发《黄河流域生态保护和高质量发展规划纲要》明确提出,要强化黄河流域数据中心节点和网络化布局建设,加强沿黄各省信息资源的共享和应用。就当前来讲,黄河流域环境信息资源开放共享虽然已取得初步成效,但依旧没能克服跨主体之间协作与共享的困境。由于制度性因素的欠缺和数据本身的特点,使得海量多源异构数据无序涌入,这增加了开放共享主体查找和筛选数据信息工作难度,造成了黄河流域环境信息资源开放共享的无序和混乱,破坏了信息资源开放共享的平衡,致使信息资源开放共享的负外部性明显增强。本章则计划在全国信息资源开放共享指标体系和多级递阶结构模型构建方法的基础上,构建能够反映沿黄河九省(区)跨域信息资源开放共享指标间的因果关系和内在机理的多级递阶结构模型,通过实际应用,为沿黄河九省(区)跨域信息资源开放共享发展战略目标实现的政策路径设计规划提供可靠的数据支撑与定性参考(见图 6.1)。

---

① 中华人民共和国生态环境部.《2018—2020 年生态环境信息化建设方案》[EB/OL]. (2018-04-10)[2022-04-10]. http://www. mee. gov. cn/gkml/sthjbgw/qt/201804/t20180410_434111. htm.

② 中国民主促进会河南省委员会. 政府工作报告开篇点题"黄河"战略,看大数据专家给建议 (2020-01-03)[2022-03-21]. http://www. hnmj. gov. cn/wSpacePage? lmid = 13ACN1ACN2ACN 6727ACN1ACN38DE8C89F6884FD7AF2AD977F29A7A05.

③ 国家冰川冻土沙漠科学数据中心. 黄河流域基础科学数据开放共享倡议书[EB/OL]. (2020-06-10)[2022-03-21]. http://www. ncdc. ac. cn/portal/news/detail/b2c2f310-c8f5-42ef-bd57-fd3aab8ae75b.

图6.1　沿黄河九省(区)行政规划示意图①

6.1.2　沿黄河九省(区)数据来源与处理方式

（1）数据来源

沿黄河九省(区)的指标与数据来源与构建全国31省模型的指标体系与处理方法一致,信息基础设施水平(T1)指标、信息技术创新能力(T2)指标、数字政务应用能力(T3)指标、管理机构参与成效(O1)、公共政策支撑水平(O2)、信息科技人才实力(O3)指标分别来自中国电子信息产业发展研究院在2021年发布《中国大数据区域发展水平评估报告》中的信息基础设施就绪度指数、创新能力指数、政务应用指数、组织建设指数、政策环境指数和治理保障指数②。环境数据开放成效(O8)指标来自各省级行政区已上线开放的包含".gov"域名的省级行政区官方信息资源开发共享网站平台中所发布的生态环境主题数据集的数量和覆盖率等数据,最终经由综合性权重计算后得到,属于本研究中的一手数据。开放共享准备水平(O4)、省级平台建设水平(O5)、信息资源质量水平(O6)、信息

---

① 张梦堰,胡炜霞.沿黄河九省(区)旅游经济时空差异研究[J].陕西理工大学学报(自然科学版),2020,36(6):75-84.

② 中国电子信息产业发展研究院.中国大数据区域发展水平评估报告[R].北京:中国大数据产业生态联盟,2021.

资源利用成效(O7)指标来自由复旦大学数字与移动治理实验室联合国家信息中心数字中国研究院在 2021 年公开发布的《中国地方政府数据开放报告(省级行政区)》和《中国地方政府数据开放报告(城市)》中的准备层、平台层、数据层和利用层指标[1][2]。数字经济发展水平(E1)指标来自财新数据于 2021 年发布的《中国数字经济指数》报告中的反映以省级行政区为单位的中国数字经济指数[3]。生态环境治理成效(E2)指标来自中华人民共和国生态环境部与 2022 年发布的《2021 中国生态环境状况公报》中自然生态章节内 2021 年全国县域生态质量分级指标中按照省级行政区为单位的全省所有县域 EQI 指标的均值[4]。府际治理压力水平(E3)指标是通过统计每个省级行政区相接壤的省级行政区的数字经济发展水平(E1)和生态环境治理成效(E2)指标综合计算得到的"治理压力"的总值得到。得到沿黄河九省(区)跨域生态环境协同治理信息资源开放共享数据(见表 6.1)。

表 6.1　沿黄河九省(区)跨域生态环境协同治理信息资源开放共享数据

省级	技术因素			组织因素								环境因素		
行政区	T1	T2	T3	O1	O2	O3	O4	O5	O6	O7	O8	E1	E2	E3
青海	24.86	14.22	44.51	33.62	46.54	11.97	4.44	1.09	0.00	0.00	0.00	480.00	3.44	231.69
四川	34.61	43.48	46.48	33.62	39.45	26.36	11.18	13.38	24.24	17.30	58.77	922.00	3.12	275.48
甘肃	29.86	27.10	48.67	53.54	38.16	23.77	1.50	3.84	12.49	0.50	31.40	699.00	3.10	402.28
宁夏	30.10	28.81	50.72	48.61	27.30	30.77	6.10	9.96	17.19	11.00	45.24	755.00	4.18	364.00
内蒙古	24.39	19.66	41.17	45.91	16.50	23.17	1.50	2.80	2.36	0.00	48.10	699.00	4.11	463.39
陕西	20.99	6.35	42.36	26.09	26.48	9.53	0.70	3.43	3.35	2.00	0.00	290.00	3.33	316.21
山西	19.10	2.69	41.98	12.11	7.75	6.04	0.80	0.00	0.00	4.00	0.00	163.00	3.65	192.19
河南	24.71	7.90	45.62	33.62	29.67	9.61	2.50	0.58	0.00	0.50	0.00	475.00	3.83	439.40
山东	20.86	3.56	46.47	17.21	15.49	5.70	2.10	7.65	13.49	0.50	47.34	199.00	3.23	169.76

① 开放树林.中国地方政府数据开放报告(省级行政区)[R].上海:复旦大学数字与移动治理实验室,国家信息中心数字中国研究院,2021.
② 开放树林.中国地方政府数据开放报告(城市)[R].上海:复旦大学数字与移动治理实验室,国家信息中心数字中国研究院,2021.
③ 中国数字经济指数[R].北京:财新智库,2021.
④ 2021 中国生态环境状况公报[R].北京:中华人民共和国生态环境部,2022.

（2）沿黄河九省（区）数据处理方式

在定量学术研究中,有熵权法、标准离差法、层次分析法、客观赋权(CRITIC)法、主成分分析(PCA)法等测定序参量指标权重的算法,其中客观赋权(CRITIC)法被相当数量的学者认为是一种相比于熵权法和标准离差法等算法更具备客观性的权重测定算法。客观赋权法是一种通过评价不同序参量(指标)间冲突性和对比强度以综合测定对应指标客观权重的算法,算法主要考虑各指标间变异性高低的同时还将指标间的相关性纳入测定步骤,因此做到了完全利用指标数值本身的客观属性进行客观、可测的权重评价,同时可避免由专家学者主观赋权所带来的随机性、局限性和主观性问题。

本章研究中通过使用权重测定的相关指标,均使用客观赋权法测定其权重,在客观赋权法中,每个指标中数据的标准差越大,则说明该数据的波动性越高,对比强度指数也就越高,其权重相对越高;而指标间的相关系数越大,则说明指标的冲突性越小,则权重相对越低。在进行权重计算时,由指标的对比强度乘以该指标的冲突性后,进行归一化处理,则得到最终权重值。由上,本研究构建的指标体系中,其中环境数据开放成效(O8)指标、生态环境治理成效(E2)指标和府际治理压力水平(E3)指标基于一手数据或权威数据进行基于客观权重方法的综合变换得出,数据具体的处理步骤见上文 4.1.3 章节中指标体系的数据来源与处理方式。

6.2 沿黄河九省（区）跨域生态环境协同治理信息资源开放共享指标现状分析与对比

6.2.1 沿黄河九省（区）跨域生态环境协同治理信息资源开放共享指标现状分析

（1）技术因素指标现状分析

沿黄河九省（区）主要位于我国的北部、西北部和西南地区,相较于域内的传统行业与相关技术,黄河流域大部分地区在数字化、现代化和信息化领域与我国东部沿海发达地区相比,其发展历程较短,基础设施相对薄弱,人才队伍规模较小。尽管如此,在我国"十三五"时期,中央和当地地方各部门的政策、经济、文化和人才相关行动的引导和支撑下,沿黄河九省(区)在跨域信息资源开放共享目标实现所需要的技术因素方面已经形成了一定的实力与技术积累。如图6.2所示。

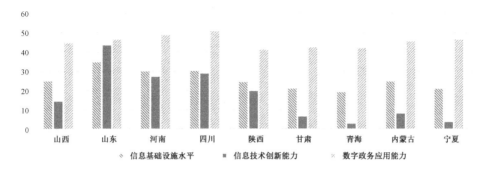

图6.2 沿黄河九省(区)跨域生态环境协同治理信息资源开放共享技术因素指标对比

从信息基础设施水平来看,沿黄河九省(区)均已经建立了具有相当成效的信息基础设施。从位于第一位的山东省到位于第九位的青海省,九省间的信息基础设施水平相较于数据技术分析能力来看差异不大,其具体排名,从第一位到第九位分别是山东、四川、河南、山西、陕西、内蒙古、甘肃、宁夏和青海;其数据分布规律主要是东部沿海和南方地区省份信息基础设施水平较高,中部和西部省份信息基础设施水平由东向西递减,其中青海、宁夏和甘肃三个西部省份的基础设施相对薄弱。

从信息技术创新能力来看,沿黄河九省(区)间在信息技术创新能力方面具有显著的差异。其中山东省的信息技术创新能力最高,其指标分值为43.48,远高于第二名四川省的28.81,其次由于河南(分值27.10)和陕西(分值19.66)省域内同样具备一定水平和规模的信息技术人才、信息技术产业规模与数字经济发展水平,因此上述两省分别位于第三位与第四位,而山西、内蒙古、甘肃、宁夏和青海的信息技术创新能力则分别处于第五至第九位。

从数字政务应用能力来看,在"十三五"时期中央政府和有关主管部门的规划和推动下,沿黄河九省(区)在现阶段均已经实现了相对客观的数字政务应用能力,且相较于信息基础设施水平和信息技术创新能力两个技术指标来讲,九个省级行政区在数字政府分析能力方面的差距较小,且已经初步形成了有力的在线政务服务能力。具体来看,四川、河南和山东三地的数字政务应用能力最强,分值分别为50.72、48.67与46.48,而甘肃、青海和陕西三地当前在数字政务服务能力方面位于九个省级行政区的倒数前三位,结合信息基础设施水平来看,黄河流域当地数字政务应用能力与信息基础设施水平的分值成正比。

(2)组织因素指标现状分析

当前沿黄河九省(区)各地区均注重采用多样化的目标管理组织方式推进区域生态环境协同治理的实施,并分别建立了相应的组织机构,制定了不同的政策措施,从而为进一步开展跨域生态环境协同治理绩效问责机制的多案例研究提供了充足的实证材料,从组织因素层面为信息资源开放共享目标的实现提供了相当程度的保障与支撑。如图6.3与图6.4所示。

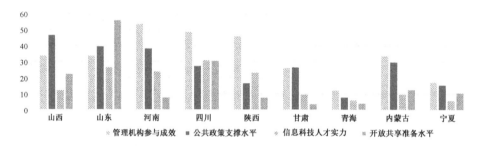

图6.3 沿黄河九省(区)跨域生态环境协同治理信息资源开放共享组织因素指标对比(O1~O4)

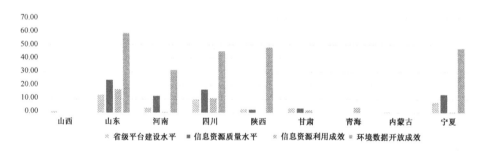

图6.4 沿黄河九省(区)跨域生态环境协同治理信息资源开放共享组织因素指标对比(O5~O8)

从管理机构参与成效角度来看,沿黄河九省(区)各地方政府均积极出台、执行了支撑信息资源开放共享建设的相关法规、政策以及相关的组织行动,其中河南省管理机构的参与成效水平最高,较高的参与成效一定程度上弥补了当地开放共享准备程度和人才实力不足的缺陷,而四川(分值48.61)、陕西(分值45.91)、山东(分值33.62)、山西(分值33.62)、内蒙古(分值33.62)、甘肃(分值

26.09)、宁夏(分值 17.21)和青海(分值 12.11)分别位于第二至第九位。

从公共政策支撑水平的情况来看,沿黄河九省(区)中,山西、山东和河南三地政府出台的各项与跨域生态环境协同治理信息资源开放共享相关的政策支撑水平最高,分别为 46.54、39.45 和 38.16,远高于陕西、宁夏和青海三地的 16.5、15.49 和 7.75。尽管公共政策支撑水平一定程度上反映了当地政府对于信息资源开放共享各项工作的重视程度,且在沿黄河九省(区)中各地间的政策支撑水平差异较大,但是从目标管理理论中的目标评审角度来看,平台建设水平、信息资源质量水平和信息资源利用成效等指标,并非与当地公共政策支撑水平呈现出正向效应,尤其是山西、甘肃在具有一定政策支撑水平的背景下,最终并未呈现同等程度的目标实现水平,因此,可以推断出黄河流域与全国范围存在类似的开放共享公共政策的引导和推动效应并未最终传导至开放共享目标实现的各个领域当中。

从信息科技人才实力指标来看,四川受益于其域内不断助推产业和社会数字化转型的发展成果,现阶段该省信息科技人才实力位列沿黄河九省(区)第一位,而山东、河南、陕西和山西四省则分别位于黄河流域省份的第二至第五位,内蒙古、甘肃、青海和宁夏地区在信息科技人才实力方面则相对薄弱。

从组织因素层面结合目标管理理论来看,在目标准备阶段,山东(分值 55.90)和四川(分值 30.50)的开放共享准备水平最高,分别处于第一位与第二位,其次是山西(分值 22.20)、内蒙古(分值 12.50)和宁夏(分值 10.50),分别处于沿黄河九省(区)中的第三至第五位,然而陕西(分值 7.50)、河南(分值 7.50)、青海(分值 4.00)和甘肃(分值 3.50)四个省开放共享准备工作则相对欠缺,上述四个地区则分别位于第六至第九位。

根据能够反映各省级行政区公共数据开放平台建设水平的省级平台建设水平指标来看,除青海、河南和山西地区外,其余沿黄河 6 省均已经建立上线了跨域信息资源开放共享平台,其中山东省(分值 13.38)和四川省(分值 9.96)在沿黄省份中仍处于领先位置,此外宁夏、甘肃和内蒙古三个省级行政区的开放共享平台建设水平亦取得一定的成效,而陕西省的省级平台建设水平(分值 0.58)则仍有较大的提升空间。

在信息资源质量水平这一指标中,可以看到,除青海现阶段暂未上线省级公共数据开放共享平台外,甘肃、山西、内蒙古三地已经具有一定规模的平台建设,平台中上线开放共享信息资源的质量仍有较大的提升空间,而四川、山东、河南、陕西、宁夏五地的信息资源质量水平已经初具成效,尽管目前社会公众在公共数据方面的利用需求还未充分释放,但是从上述五地已经开放共享的数据集来看,当地已经具备了一定程度的信息资源开放共享的前提和基础。

从沿黄河九省(区)的信息资源利用成效来看,尽管河南、陕西、宁夏和甘肃地区已经建立且上线了省级信息资源开放共享平台,但是上述省份内的信息资源利用成效却不尽如人意,因此应该重点关注其平台的功能、内容和信息资源供给是否能够满足社会面的多元参与主体需求,同时还应在"十四五"期间通过宣传、推广、合作与教育,充分调动社会层面对于公共数据利用的深层需求,将数字存量激发成为数字红利。而山东、四川、青海和甘肃四省的信息资源利用成效则分别处于第一位至第四位,分别是17.30、11.00、4.00和2.00,尤其是甘肃、青海两地,在省级信息资源开放共享平台建设水平有限乃至暂未上线省级平台的背景下,仍通过其他渠道表现出一定的信息资源利用需求,则表明了上述两地进一步建设跨域信息资源开放共享平台的重要性、必要性和急迫性,也进一步反映了在经济发展欠发达地区中,社会领域仍存在着一定程度的信息资源利用需求。

从环境数据开放成效的指标上来看,山东、山西、宁夏、四川、河南五省在已经上线省级行政区级别信息资源开放共享平台的同时,公布了具有显著规模的环境数据助力当地生态环境协同治理,而山西、内蒙古、甘肃和青海则未上线开放共享平台或公布环境相关的信息资源,因此上述四地在环境信息资源开放共享层面均无评分。

(3) 环境因素指标现状分析

黄河流域是一个包含多个省级行政单位的地理区域,具有典型的跨域特征,而且其中涵盖的各个地区在我国的区域发展战略规划中均具有重要地位。从宏观环境因素来看,沿黄河九省(区)各地区内部均面临多样的跨域生态环境问题,为有效治理区域环境污染,各行政区之间开展了广泛的生态治理协作,具有不同程度的生态环境协同治理基础,不仅如此,通过近年来的持续发展和扩大投入,沿黄河九省(区)亦在数字经济和信息技术领域分别实现了一定程度的发展并取得了一定的成果。如图 6.5 所示。

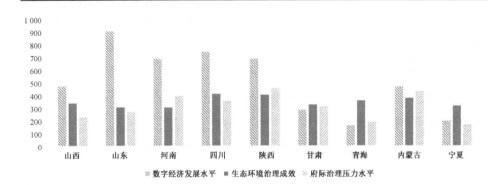

图 6.5 沿黄河九省(区)跨域生态环境协同治理信息资源开放共享环境因素指标对比

从沿黄河九省(区)数字经济发展水平来看,从图中可以看到,山东的数字经济发展水平处于第一位,指标分值达 922,高于第九位的青海地区(分值 163)超过四倍,而四川(分值 755)的数字经济发展水平处于第二位,陕西省和河南省经过数年的发展,其地域的数字经济发展水平指标分值均为 699,并列第三,而山西、内蒙古、甘肃和青海的数字经济发展水平则分别处于第五至第八位。总的来讲,沿黄河九省(区)尤其是黄河中游地区近年来数字经济取得了一定的发展成果。

从黄河流域地区的生态环境治理成效来看,由于该指标数据的绝对值相较于其他指标来讲较大,因此在图 6.5 中,将沿黄河九省(区)的数字经济发展水平指标数值进行了等比放大处理。沿黄河九省(区)整体生态环境治理成效均处于相对差异不大的水平,其中四川、陕西受益于当地客观地理条件优越的背景下,其生态环境治理成效位于九省中的前两位,而山西、内蒙古在近年来的跨域生态环境协同治理工作推进中,亦取得了相对较好的生态环境治理成果,则分别位于第三、第四位。

结合各地区数字化成效进行综合计算得到的府际治理压力水平来看,相邻省份多、相邻省份治理成果较好的省份具备较大的府际治理压力水平,其中陕西、内蒙古、河南、四川、甘肃五地的府际治理压力水平在黄河流域内处于前五位,而青海、山东、宁夏、山西等地区则在现阶段未受到较大的府际治理压力,这主要与当地行政区划地理位置有关。

6.2.2 沿黄河九省(区)与全国范围指标对比

(1)技术因素指标现状分析

区域信息化与数字化领域发展所提供的信息资源治理技术能力在跨域信息

资源开放共享体系建设和发展目标的实现过程中发挥着显著影响。以本研究技术-组织-环境为基础的多理论分析框架中的技术因素切面来看,通过提取已构建指标体系中全国范围、沿黄河九省(区)整体范围、沿黄河上游流域与沿黄河中下游流域对应数据,绘制沿黄河九省(区)与全国范围技术因素指标均值对比可视化图(见图6.6)。

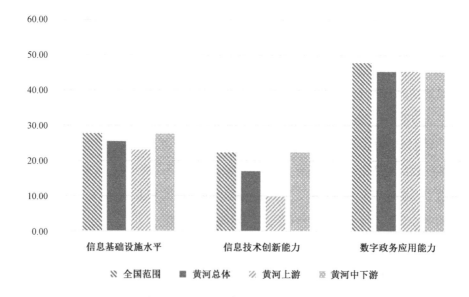

图6.6 沿黄河九省(区)与全国范围技术因素指标均值对比

从技术因素类指标整体来看,黄河中下游流域地区中与信息资源开放共享相关的整体技术水平基本与全国水平持平,其中黄河流域内信息基础设施水平略低于全国平均水平,尤其是黄河上游地区,信息基础设施水平仍与全国平均水平有较大差距,在信息技术创新能力方面,黄河中下游地区则基本与全国平均水平持平。而黄河上游地区在各项技术因素指标中则显著低于黄河中下游与全国水平,尤其是黄河上游五省在数字政务应用能力方面的水平仅有黄河中下游地区的一半,这与黄河上游地区数字经济、信息技术产业和信息化人才队伍发展薄弱、数字化建设起步较晚有关。

从沿黄河九省(区)的信息基础设施水平来看,黄河流域的信息基础设施建设成果(分值为25.50)当前与全国31个省级行政区的平均值(分值为27.77)差距不大,黄河中下游地区的信息基础设施水平(分值为27.69)高于黄河流域整体水平,并与全国平均水平基本持平,而尽管黄河上游能够保障信息资源开放共享目标实现的信息基础设施建设位于四个比较对象中的最后一位,但是其与全国整体水平差距不大,仅低于全国整体水平的17%。然而在地区信息技术创新能力方面,黄河流域整体均值(分值17.09)比全国平均水平(分值22.33)低约23%,这是由于黄河上游地区薄弱的信息技术创新能力(分值9.86)造成的,相关负责部门与参与主体需要重点考虑将黄河流域上游五省在有限的资源条件下逐步改善和提升的相关举措、方案和行动。从数字政务应用能力指标来看,黄河流域包括上中下游地区在本指标的水平基本接近全国平均水平为47.87,其中黄河流域整体平均水平为45.33,上游地区平均水平为45.43,中下游地区平均水平为45.29,尤其可以观察到黄河流域上游五省在近年来取得了卓有成效的数字政务应用建设成果。

(2) 组织因素指标现状分析

目标管理的全生命周期均仰赖于包括目标准备、目标实现和目标评审的阶段中,组织中与组织间参与主体的规划、管理与执行行动,由此,组织因素在跨域信息资源开放共享发展目标的实现过程中有着显著的影响效应。以TOE框架中的组织因素切面来看,通过提取已构建指标体系中全国范围、沿黄河九省(区)整体范围、沿黄河上游流域与沿黄河中下游流域的对应数据,绘制沿黄河九省(区)与全国范围组织因素指标均值对比可视化图(见图6.7、图6.8)。

从组织因素类指标整体来看,黄河流域九个省级行政区公共政策支撑水平与信息科技人才实力两个指标的数值均高于全国平均水平,尤其是公共政策支撑水平方面,沿黄河九省(区)的地方政府与参与主体在信息资源开放共享目标实现的过程中展开了卓有成效的参与行动,由此进一步带动了黄河流域地区在环境数据开放成效方面的成果,从相关性来讲,可以观察到管理机构参与成效与环境数据开放成效两个指标间有着较强的关联性。

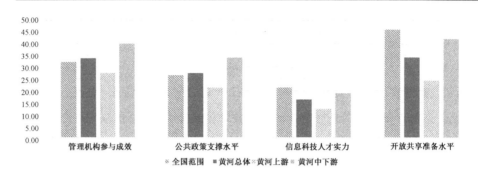

图 6.7 沿黄河九省(区)与全国范围组织因素指标均值对比(O1~O4)

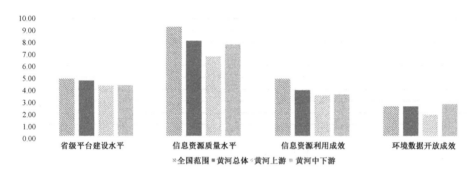

图 6.8 沿黄河九省(区)与全国范围组织因素指标均值对比(O5~O8)

在沿黄河九省(区)地区的管理机构参与成效方面,黄河流域整体管理机构参与成效水平(数值33.81),约高于全国水平的32.23,尤其是黄河流域中下游五省的管理机构参与成效高达40.06,约高于全国水平的1/4左右。由此可见,黄河中下游流域地方政府和主管机构在现阶段对于跨域信息资源开放共享的参与程度与共识的认可程度在现阶段已初具成效。从公共政策支撑水平来看,黄河流域尤其是黄河流域中下游地区的公共政策水平(数值34.06)显著高于全国平均水平的26.55,这一定程度表明,尽管当前黄河流域内各地区的管理机构参与成效在现阶段未达到理想状态,但主管单位已经认识到信息资源开放共享的重要性并以出台各项公共政策的方式支撑该目标的发展与实现。从信息科技人才实力指标的数值来看,黄河流域及其中下游地区在该指标方面接近于全国平均水平(数值21.41)。

因此,在后续的"十四五"时期信息资源开放共享的目标实现阶段,沿黄河九省(区)地方政府可以利用当前人才优势,重点关注和落实有利于进一步提升当地信息科技相关领域的人才培养、人才引进和人才培养组织机构的发展与建设,并扩大人才实力对信息资源开放共享目标实现的传导效应。从开放共享准备水平来看,经过指标数值缩放后全国31个省级行政区的平均水平数值为46.15,高于黄河流域内整体水平(数值34.24),同样高于黄河上游(数值42.24)和黄河中下游地区(数值24.40)。可见,在开放共享建设行动中,沿黄河九省(区)还应着重加强目标准备阶段的各项方案规划和筹备工作。

在能够反映沿黄河九省(区)省级数据开放平台建设质量水平的省级平台建设水平指标中,可以观察到黄河流域不论是整体还是上中下游地区在"十三五"时期完成的省级开放共享平台的建设水平均低于全国平均水平(数值4.90),其中黄河流域平均水平为4.75,主要是受到青海在现阶段暂时未上线省级公共数据开放平台的影响,进而导致黄河流域整体水平的下降。从信息资源质量水平来看,黄河中下游流域五个省级行政区在该指标水平(数值7.82)更接近于全国平均水平(数值9.32),中下游地区主要得益于山东和陕西两省在现阶段上线的信息资源数据集质量较高,因此拉高了地区的平均水平。而从信息资源利用成效指标来看,黄河流域整体均与全国平均水平表现出了较大的差距,尤其是黄河流域上游地区在该指标中的分值仅为3.50,低于全国平均水平4.90约29%左右。

由此可见,在"十四五"期间,沿黄河九省(区)在跨域信息资源开放共享建设中,应着力推进信息资源开放共享的质量水平,同时应充分激发社会公众对于公共信息资源利用的内在需求,进而做好数字红利的激发工作。由环境数据开放成效指标缩放后的可视化结果来看,沿黄河九省(区)平均水平,尤其是黄河流域中下游五省在环境数据开放成效的得分上略高于全国平均水平,然而黄河上游五省由于部分地区还未公开上线省级信息资源开放共享平台的原因导致上游流域段内地区的环境数据开放成效较低,同时黄河中下游地区受到内蒙古自治区在省级开放共享平台建设方面滞后的影响,同样未超过全国平均水平(数值4.90)。

(3) 环境因素指标现状分析

跨域生态环境协同治理信息资源开放共享的宏观环境因素为特定目标的实现和相关工作的组织提供了基础和必要的资源、政策、经济和关系供给,宏观环境因素和对应指标的地区发展水平往往能够影响特定目标的发展思路和实现成果。以 TOE 框架中的环境因素切面来看,通过提取已构建指标体系中全国范围、沿黄河九省(区)整体范围、沿黄河上游流域与沿黄河中下游流域的对应数据,绘制沿黄河九省(区)与全国范围环境因素指标均值对比可视化图(见图6.9)。

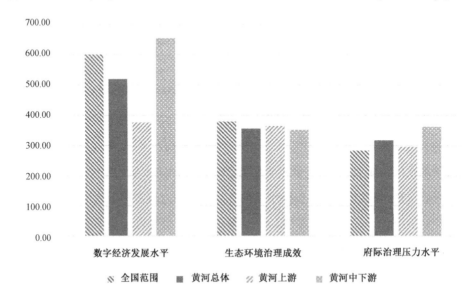

图6.9 沿黄河九省(区)与全国范围环境因素指标均值对比

从环境因素类指标整体来看,沿黄河九省(区)在数字经济发展水平层面较全国平均水平的差距较大,而在生态环境治理成效和府际治理压力水平方面,沿黄河九省(区)与全国平均水平基本一致,尤其是在生态环境治理成效方面,通过黄河流域各地政府近年来在跨域生态环境协同治理领域的深耕协作,已经在黄河流域形成了卓有成效的治理成果,将指标数值进行等比放大后,尤其是黄河上游五省(数值364.00)的治理成效指标数据已经基本接近全国 31 个省级行政区的平均水平(数值379.00)。

从数字经济发展水平来看,同样经过等比放大后,黄河中下游五省的数字经济发展水平(数值655.00)高于全国平均水平(数值601.113)约9%,而黄河上游五省欠发达的数字经济发展水平(数值376.40)仅达到全国平均水平的63%左右,受限于黄河上游地区的地理区位、经济基础、地区人口和其他客观条件影响,通过探析其他能够有效推进跨域信息资源开放共享目标实现的替代指标将有利于黄河流域以目标实现为导向的路径规划。在沿黄河九省(区)地区的生态环境治理成效方面,黄河上游和黄河中下游地区目前均已经实现了相对全国平均水平来说不错的成绩,沿黄河九省(区)的平均治理成效(数值355.00)已经接近全国现阶段的平均水平(数值379.00)。

从府际治理压力水平的角度出发,沿黄河九省(区)的府际治理压力水平均高于全国平均水平,这主要是因为黄河流域地区各个相邻省份间的治理绩效和相邻省份数量较东南沿海地区和其他地区相对较高,尤其是与中东部在开放共享层面工作推进有一定成效的省级行政区接壤的因素,使得沿黄河九省(区)持续接收到较高的外界治理压力,由此来看,如何在相对较高的府际治理压力水平的背景下实现开放共享绩效的高效高质实现,同样是本章实践应用的研究目的之一。

6.3　沿黄河九省(区)跨域生态环境协同治理信息资源开放共享多级递阶结构模型应用实证分析

6.3.1　沿黄河九省(区)开放共享指标单向影响效应分析

本章的研究方法沿用前文 5.1.1 中使用于全国范围内开放共享指标分析的相同方法,然而与全国性研究不同的是,沿黄河流域仅有 9 个省份样本,样本数量小于指标数量与最小二乘模型截距的和(总计 15 个未知数,14 个指标与 1 个截距)。封建湖(2001)、裴玉茹(2014)、李庆扬(2018)等人指出,最小二乘法是一种常见的数学优化方法,该方法的核心是通过对残差平方和的最小化来进行估计的,在多元普通最小二乘回归中(OLS),建模的目的是期望通过确定方程组中的参数,进而确定指标间的关系,因此为保证建模结果的准确性,在多元普通最小二乘回归中,最小样本数量应是 $n+2$,其中 n 是变量的数量[1][2][3]。在沿黄河九省(区)开放共享指标单向影响效应分析中,指标体系与全国范围的研究相同,总计为 14 个,由此,在本部分的研究中,应至少输入 16 个样本[当前仅有沿黄河九省(区)总计 9 个样本],以保证最小二乘回归模型构建的准确性。

为有效解决以沿黄河九省(区)跨域生态环境协同治理信息资源开放共享指

①　封建湖,车刚明,聂玉峰. 数值分析原理[M].北京:科学出版社,2001:104.

②　裴玉茹,马赓宇. 数值分析[M].北京:机械工业出版社,2014:176-178.

③　李庆扬,王能超,易大义. 数值分析[M].武汉:华中科技大学出版社,2018:71.

标单向影响效应分析中样本不足的问题,同时为了保证新增样本以满足最小二乘回归中最小样本量要求,新增样本不会改变黄河流域地区数据中所内含的黄河地区各指标间的地域特点和数据特征。本研究引入数据科学中,面临样本数量不足时,常常采用的数据过采样(Over-Sampling)算法中的 SMOTE-TomekLinks 方法,以增加额外的 7 个符合沿黄河九省(区)原样本特点的新样本,以使最终的样本总量满足普通最小二乘回归的最小样本量标准。在建模时面临样本量不足时,常常会采用过采样的方法扩充数据样本,然而简单地使用随机复制原有样本时,虽然能够为模型引入额外的拟合数据,但并不能为模型提供任何新的拟合信息,最终仍然无法避免模型拟合度差的问题,为有效合成新样本的同时,还能够保持原样本中数据内涵的各个特点,可以使用 SMOTE 及其各种变体和 ADASYN 等算法,通过使用过采样方法增加符合原有样本数据特点特征的"虚拟的"新样本。SMOTE(Synthetic Minoritye Over-Sampling Technique)是 Chawla 在 2002 年提出的过抽样的算法,一定程度上可以解决上述问题,然而,在基础 SMOTE 过采样的过程中,可能会导致产生次优的决策函数(即噪声数据),同时新的"虚拟样本"的值存在随机性而通过在 SMOTE 算法中引入 TomekLinks 算法,能够有效剔除过采样过程中产生的噪声数据,进而最终使得新增的样本符合原样本中"原汁原味"的风格。因此在本部分中通过引入 Python 平台内"imblearn. combine"库中的"SMOTETomek()"算法函数以实现普通最小二乘模型构建前数据预处理流程中的样本过采样问题[1][2][3][4]。

除过采样流程外,本部分按照前文 5.1.1 中使用于全国范围内开放共享指标分析的相同方法,构建了沿黄河九省(区)的基于最小二乘回归算法的回归系

[1] CHAWLA N V,BOWYER K W,HALL L O,et al. SMOTE:Synthetic Minority Over-Sampling Technique [J]. Journal of Artificial Intelligence Research,2002(16):321-357.

[2] HAIBO H,GARCIA E A. Learning from Imbalanced Data[J]. IEEE Transactions on Knowledge and Data Engineering. 2009,21(9):1263-1284.

[3] LEMAITRE G,NOGUEIRA F,ARIDAS C K. Imbalanced-Learn:A Python Toolbox to Tackle the Curse of Imbalanced Datasets in Machine Learning[J]. Journal of Machine Learning Research,2017,18(17):1-5.

[4] CHAWLA N V,HERRERA F,GARCIA S,et al. SMOTE for Learning from Imbalanced Data:Progress and Challenges,Marking the 15-year Anniversary[J]. Journal of Artificial Intelligence Research. 2018(61):863-905.

数矩阵(见表 6.2)。

表6.2 最小二乘回归系数绝对值矩阵

	Y=T1	Y=T2	Y=T3	Y=O1	Y=O2	Y=O3	Y=O4	Y=O5	Y=O6	Y=O7	Y=O8	Y=E1	Y=E2	Y=E3
X=T1	0.0000	0.5600	0.2975	0.4236	0.3054	0.3804	0.3698	0.5206	0.9948	0.1936	0.2780	0.3687	0.2187	0.8291
X=T2	0.9613	0.0000	0.4314	0.5758	0.3534	0.4221	0.4006	0.4351	0.8196	0.3561	0.2712	0.5504	0.4239	1.0764
X=T3	0.3990	0.3370	0.0000	0.5540	0.1397	0.5465	0.3704	0.3531	0.9785	0.5165	0.3633	0.0686	0.2721	0.4263
X=O1	0.9032	0.7152	0.8808	0.0000	0.3243	0.9214	0.5208	0.3563	0.5275	0.5879	0.1043	0.4412	0.1182	1.2068
X=O2	0.4792	0.3230	0.1634	0.2386	0.0000	0.0968	0.6845	1.1833	1.1931	0.6704	1.4806	0.4208	0.7787	0.7386
X=O3	0.7119	0.4601	0.7625	0.8086	0.1154	0.0000	0.9898	0.0001	0.2721	0.8299	0.4716	0.3006	0.3090	0.9333
X=O4	0.3856	0.2433	0.2880	0.2547	0.4550	0.5516	0.0000	0.3226	0.1028	0.7209	0.8096	0.1060	0.4290	0.3339
X=O5	0.4993	0.2431	0.2525	0.1603	0.7234	0.0001	0.2967	0.0000	1.2856	0.4503	1.0724	0.3703	0.5391	0.6504
X=O6	0.3223	0.1547	0.2364	0.0802	0.2464	0.0471	0.0319	0.4343	0.0000	0.0716	0.2925	0.1719	0.2458	0.3068
X=O7	0.2930	0.3138	0.5827	0.4172	0.6465	0.6711	1.0460	0.7104	0.3343	0.0000	1.2207	0.0029	0.5218	0.2395
X=O8	0.1842	0.1047	0.1795	0.0324	0.6253	0.1670	0.5144	0.7408	0.5980	0.5345	0.0000	0.2280	0.4682	0.3489
X=E1	1.3972	1.2151	0.1939	0.7841	1.0165	0.6088	0.3852	1.4631	2.0101	0.0073	1.3043	0.0000	0.7996	1.8776
X=E2	0.4322	0.4879	0.4009	0.1095	0.9807	0.3263	0.8129	1.1107	1.4990	0.6814	1.3963	0.4169	0.0000	0.6031
X=E3	0.7897	0.5972	0.3027	0.5391	0.4484	0.4751	0.3050	0.6459	0.9018	0.1508	0.5016	0.4719	0.2907	0.0000

通过统计影响因素回归系数矩阵中回归系数的频数分布,可以观测到除各影响要素对自身影响系数(矩阵中左上-右下对角线,值为0)之外,得到回归系数绝对值的最小值为0.001,最大值为2.0101,极差为2.0102,通过建立数据分布箱型图检验得到矩阵中回归系数绝对值存在由1.3043至2.0101共计8个离群值,以箱型图可视化结果(见图6.10)。

将数据按照上限为1.3040,下限为0.0000的规则平均分为20个频段则得到回归系数绝对值取值间隔为0.0652的数据切片。随后以频段01开始,以四个频段划分为一级,最终得到总计五级单向影响效应评级,将表6.2单项影响效应矩阵中对角线数值为0的元素除外,总计182个矩阵元素按照五等分段,划分为单向影响效应非常低(级别0):频段01、频段02、频段03、频段04;单向影响效应较低(级别1):频段05、频段06、频段07、频段08;单向影响效应一般(级别2):频段09、频段10、频段11、频段12;单向影响效应较高(级别3):频段13、频段14、频段15、频段16;单向影响效应较高(级别4):频段17、频段18、频段19、频段20(含所有8个离群值)(见表6.3与图6.11)。

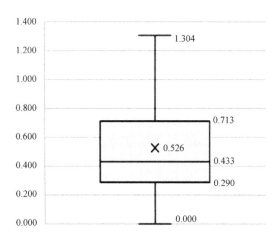

图 6.10　单向影响效应矩阵数值分布箱型图

表 6.3　沿黄河九省（区）OLS 回归系数矩阵频数划分表

频段	区间	频数	占比	累计占比	频段	区间	频数	占比	累计占比
频段 01	[0.000 0,0.065 2)	7	4%	4%	频段 11	[0.652 0,0.717 2)	7	4%	76%
频段 02	[0.065 2,0.130 4)	11	6%	10%	频段 12	[0.717 2,0.782 4)	6	3%	79%
频段 03	[0.130 4,0.195 6)	11	6%	16%	频段 13	[0.782 4,0.847 6)	9	5%	84%
频段 04	[0.195 6,0.260 8)	11	6%	22%	频段 14	[0.847 6,0.912 8)	3	2%	86%
频段 05	[0.260 8,0.326 0)	21	12%	34%	频段 15	[0.912 8,0.978 0)	3	2%	87%
频段 06	[0.326 0,0.391 2)	17	9%	43%	频段 16	[0.978 0,1.043 2)	5	3%	90%
频段 07	[0.391 2,0.456 4)	19	10%	53%	频段 17	[1.043 2,1.108 4)	3	2%	92%
频段 08	[0.456 4,0.521 6)	13	7%	60%	频段 18	[1.108 4,1.173 6)	1	1%	92%
频段 09	[0.521 6,0.586 8)	12	7%	67%	频段 19	[1.173 6,1.238 8)	5	3%	95%
频段 10	[0.586 8,0.652 0)	9	5%	72%	频段 20	[1.238 8,2.100 0)	9	5%	100%

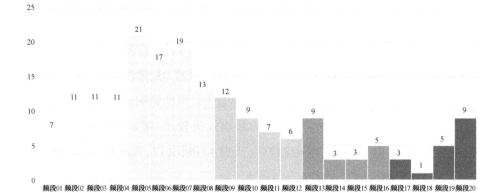

图 6.11　OLS 回归系数矩阵频数分布直方图分级可视化

根据级别划分,将单项影响效应矩阵中隶属于相对应频段和级别的数据,按照级别 0、1、2、3、4 的规则,定义为单向影响效应级别 0、1、2、3、4,进而最终形成以替代专家评价方法得到的单向影响效应矩阵作为实验室决策法模型的输入数据(见表 6.4)。

表 6.4　沿黄河九省(区)单向影响效应矩阵:基于 OLS 归回系数测定

	T1	T2	T3	O1	O2	O3	O4	O5	O6	O7	O8	E1	E2	E3
T1	0	2	1	1	1	1	1	1	3	0	1	1	0	3
T2	3	0	1	2	1	1	1	1	3	1	1	2	1	4
T3	1	1	0	1	0	2	1	1	3	1	1	0	1	1
O1	3	2	3	0	1	3	1	1	2	2	0	1	0	4
O2	1	1	0	0	0	0	2	4	4	2	4	1	2	2
O3	2	1	0	3	0	0	3	0	1	3	1	1	0	3
O4	1	0	1	0	2	0	1	0	2	3	0	1	1	1
O5	1	0	0	0	2	0	0	0	4	1	4	1	2	2
O6	1	0	0	0	0	0	0	0	1	0	0	1	0	1
O7	1	1	2	1	2	2	4	2	1	0	4	1	2	0
O8	0	0	0	0	0	0	0	2	2	0	2	1	1	1
E1	4	4	0	3	3	2	1	4	4	0	4	0	3	4
E2	1	1	1	0	3	1	3	4	4	2	4	1	0	2
E3	3	2	1	2	1	1	1	2	3	0	1	1	1	0

6.3.2　沿黄河九省(区)开放共享指标间因果关系模型构建与结果分析

(1) DEMATEL 模型构建

通过系统中各要素之间的逻辑关系和直接影响矩阵,根据上文阐述的实验室决策法(DEMATEL)模型,可以计算出每个要素对其他要素的影响度以及被影响度,从而计算出每个要素的原因度与中心度,作为构造模型的依据,从而确定要素间的因果关系和每个要素在系统中的地位(见表6.5)。

表6.5　影响度、被影响度、中心度、原因度

指标	影响度 D 值	被影响度 C 值	中心度 M 值	原因度 R 值
T1	0.205	1.159	2.010	-0.309
T2	1.154	0.767	1.976	0.441
T3	1.017	0.629	1.414	0.157
O1	0.584	0.708	1.968	0.551
O2	1.167	0.931	2.107	0.245
O3	1.934	0.761	1.928	0.406
O4	1.382	1.058	1.767	-0.349
O5	0.786	1.302	2.217	-0.386
O6	0.709	1.843	2.048	-1.638
O7	0.915	0.864	2.018	0.290
O8	1.176	1.566	2.149	-0.982
E1	1.208	0.491	2.425	1.443
E2	1.260	0.803	2.185	0.579
E3	0.850	1.466	2.485	-0.448

（2）影响度分析

影响度指标是决策实验室分析模型的重要指标之一,该指标代表每个影响因素对于指标体系中其他要素的影响程度,影响度的值越大,代表该影响因素对于跨域生态环境协同治理信息资源开放共享的影响程度越大。从 DEMATEL 的建模结果来看(见图6.12),在沿黄河九省(区)的跨域信息资源开放共享机制中,信息科技人才实力(O3)、开放共享准备水平(O4)和生态环境治理成效(E2)的影响度 D_i 值分别是1.934、1.382 和 1.260,远高于其他影响因素,因此,在黄河流域地区中,各级政府主管部门、各组织主体和相关决策机构规划、计划、开展关于跨域生态环境协同治理信息资源开放共享工作和政策时,应在调研、讨论、制定的环节和过程中重点关注域内和跨域间与信息科技人才实力、开放共享准备水平和当地生态环境治理成效的发展状态与特征,从而通过以提升、加强流域内

多元主体协同治理、区域数字经济实力和信息科技人才实力的路径带动整体信息资源开放共享战略目标的顺利实现。

数字经济发展水平（E1）、环境数据开放成效（O8）、公共政策支撑水平（O2）、信息技术创新能力（T2）的影响度 D_i 值均处于 1.0 至 1.3 之间，分别是 1.208、1.176、1.167 和 1.154，上述四个影响因素在系统中的影响程度亦不应该被忽视。从 TOE 多理论融合分析框架的角度来看，在影响度 D_i 排名前七（约 50%）的因素中，有多达四个组织因素的影响度 D_i 位于首位、第二位、第五位和第六位，同时还有两大环境因素分别位于第三位和第四位，而位于第七位的因素则属于分析框架中的技术因素；在排名前七的四个组织因素中，从目标管理视角来看，主要是目标准备阶段和目标实现阶段的相关指标。由此可见，组织因素与目标管理理论在沿黄河九省（区）开放共享体系建设中发挥了举足轻重的综合影响力。

（3）被影响度分析

从被影响度 C_i 的视角来看（见图 6.12），在排名前三位的因素中，所有指标均为 TOE 多理论融合分析框架中的组织因素，分别是信息资源质量水平（O6）、环境数据开放成效（O8）和府际治理压力水平（E3），结合协同治理理论来看，由于受到多参与主体、多并发环境条件的影响，组织实现过程的相关工作和成效，在以沿黄河九省（区）为聚焦对象的信息资源开放共享体系建设过程中，围绕省级数据开放共享平台的各项目标评审阶段的指标在 DEMATEL 模型中再一次被证实了属于整个开放共享机制中的结果因素，由此，探清能够影响上述结果因素的内在因果关系逻辑链，对黄河流域跨域信息资源开放共享目标的高质高效实现尤为重要，此外上述结果也进一步佐证了将 DEMATEL 模型应用在跨域生态环境协同治理信息资源开放共享的实践应用研究中的合理性与正确性。而省级平台建设水平（O5）、信息基础设施水平（T1）、开放共享准备水平（O4）和公共政策支撑水平（O2）的被影响度 C_i 值则依次排在第四位至第七位，其具体数值分别是 1.302、1.159、1.058 和 0.931，因此上述四个指标则可以推断出其在整个开放共享机制中属于中介因素，由此，在组织实践中，应该注意影响效应在上述四个因素间的传递作用，通过有效打通因素间的传导效应，以保证投入能够有效作用于预期目标。

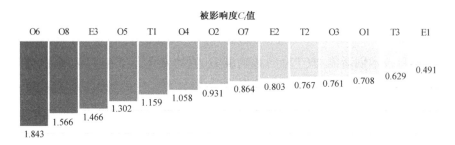

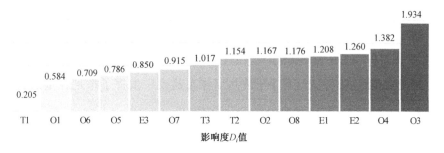

图6.12 沿黄河九省(区)指标影响因素影响度-被影响度图

(4) 中心度分析

系统工程学分析网络中,中心度 M_i 指标作为被广泛采用的关键概念,是一种能够度量影响因素中心性的重要指标,影响因素中心度 M_i 的值越高,则代表该影响因素在整个系统中的重要性越高。根据聚焦于沿黄河九省(区)跨域信息资源开放共享机制所建立的 DEMATEL 建模结果中心度-原因度可视化结果来看(见图6.13),府际治理压力水平(E3)、数字经济发展水平(E1)和省级平台建设水平(O5)、生态环境治理成效(E2)和环境数据开放成效(O8)在整个系统中的中心度占据前五名的位置,同时上述五个指标在影响度和被影响度分析中,也表现出了显著的(被)影响力,因此,中心度分析的结果再一次强调了组织主体和开放共享建设发展的方案制订与设计中,应该将上述五大影响因素作为需要聚焦的核心影响因素进行调研、考察和考量。此外,组织因素中的省级平台建设水平(O5)指标在多维度分析中均未表现出显著重要性,因此可以认为在沿黄河九省(区)信息资源开放共享体系目标推进与实现的任务主要取决于多元主体参与协同层面省级平台建设方面的行动质量。

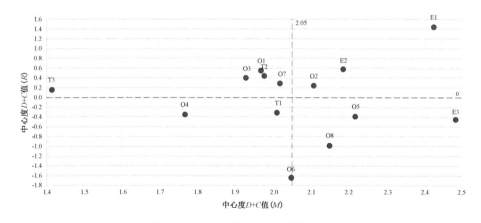

图 6.13　影响因素中心度-原因度图

（5）原因度分析

沿黄河九省(区)DEMATEL 模型的应用分析中关于影响因素原因度 R_i 的解读同样是需要分析的重点之一,原因度表达了模型分析中影响因素作为原因因素或结果因素的偏向性,当原因度 R_i 为正数时,则代表该指标更偏向于系统中的原因因素,其正数数值越高,则代表该指标在系统中作为原因因素时更容易对其他影响因素产生影响,而当原因度 R_i 为负值时,则代表该指标更偏向于系统中的结果因素,其负值数值越小,则代表该指标在系统中作为结果因素时更容易被其他影响因素所影响。从本研究 DEMATEL 建模结果的中心度-原因度图来看(见图 6.14),散点图坐标系中的一、二象限代表系统内的原因象限,三、四象限代表系统内的结果象限,当描点落于第一象限时,则代表该影响因素具有高中心度和高原因度特性,即该要素重要性高且为原因因素;描点落于第二象限时,则代表该影响因素具有低中心度和高原因度特性,即该要素重要性低且为原因因素;描点落于第三象限时,则代表该影响因素具有低中心度和低原因度特性,即该要素重要性低且为结果因素;描点落于第四象限时,则代表该影响因素具有高中心度和低原因度特性,即该要素重要性高且为结果因素。

由图可以观察到作为原因要素的影响因素,其原因度由高到低分别为数字经济发展水平(E1)、生态环境治理成效(E2)、管理机构参与成效(O1)、信息技术创新能力(T2)、信息科技人才实力(O3)、信息资源利用成效(O7)、公共政策支撑水平(O2)和数字政务应用能力(T3),共计八个指标。而通过 DEMATEL 建模结果得到的结果因素按绝对值由高到低排列依次为信息资源质量水平(O6)、环境数据开放成效(O8)、府际治理压力水平(E3)、省级平台建设水平(O5)、开放共享准备水平(O4)、信息基础设施水平(T1)六个指标。根据当前研究结果进行初步分析,在沿黄河九省(区)跨域生态环境协同治理信息资源开放共享系统和体系的建设中,组织主体、管理主体、决策主体和参与主体应该聚焦上述八个高正值原因度指标的设计、规划和管理,同时可以看到在黄河流域的九个省级行政区内,跨域信息资源开放共享体系最终的建设成效主要还是受到当地宏观环境、信息技术基础设施以及开放共享目标准备和目标实现过程中各项指标实现情况水平的综合影响,因此在黄河流域相关政府机构和组织团体计划推进开放共享相关工作目标进度期间,应在着手加强当地多主体跨域协同治理的同时,有意识地调用其他替代资源以有效规避由于短时间内难以对区域宏观背景因素进行调整提升所带来的制约效应。

从结果因素的视角来看,省级平台建设水平(O5)、信息资源质量水平(O6)、环境数据开放成效(O8)作为沿黄河九省(区)信息资源开放共享指标体系中的结果因素,其更容易受到来自体系中其他因素的直接或间接影响,同时上述三个影响因素均为目标管理理论中的目标评审因素,因此,关注上述三个目标评审指标在沿黄河九省(区)跨域信息资源开放共享机制中的内在因果关系则对于最终目标的实现来说显得尤为重要。现有的分析结果不但佐证了将DEMATEL应用于黄河流域实证应用研究、协同治理、生态环境治理和开放共享相关研究的适切性,更反映出了地方管理机构在设计、制订、实现相关目标的过程中,应该关注各项可能对上述指标造成综合影响的要素,以保障管理投入能够有效地传导至上述多个结果因素当中去,以顺利实现既定的发展战略和规划目标。

6.3.3 沿黄河九省(区)开放共享多级递阶结构模型构建与结果分析

按照前文5.3.1中论述的多级递阶结构模型构建方法,能够得到基于DEMATEL-AISM联用方法的沿黄河九省(区)开放共享多级递阶结构模型输出结果,其中在节点缩减检验中,通过使用塔扬算法进行优化检验后,信息基础设施水平(T1)和府际治理压力水平(E3)两个指标间联系紧密、互为因果构成回路(见图6.14)。由此,在本章的实证应用研究中融入了跨域协同治理、生态环境治理信息资源以及开放共享系统所构建的指标体系中共计 14 个影响因素形成了自下而上五级三阶的有向递阶层次化结构。其中位于层级 5(L5)中的影响因素属于指标体系中的本质致因阶,既在所有影响因素中经过定量分析后最偏向于原因的影响因素,而中间层级 2~4(L2、L3、L4)中的影响因素属于过渡致因阶,即可以被看作处于该层级中的影响因素既被体系中的本质影响因素所影响,又是开放共享体系建设影响要素中临近致因的原因因素,位于层级最上方的层级 1(L1)则属于指标体系中的临近致因阶,隶属于该层级中的影响因素则可以被看作为整个指标体系中最容易被所关联要素影响的因素。通过基于对抗思想因素抽取规则所构建的结果优先型模型和原因优先型模型则共同构成了基于DEMATEL-AISM 联用方法的跨域生态环境协同治理信息资源开放共享对抗多级递阶结构模型组,图中的箭头则代表了因素间的关联与影响关系(箭头由原因因素指向影响因素)。而内容为"指标体系外的因素"的虚拟节点则代表了在本研究中暂时没有被纳入指标体系中的其他影响要素,同时未被纳入的影响因素亦能够影响或被已经纳入指标体系中的影响要素所影响。由此,通过纵向分析结果优先型和原因优先型多级递阶结构模型的影响链,并横向比较不同类型的模型之间层级中所属的固定影响因素和活动影响因素,同时分析可能存在的且暂时未被纳入本研究指标体系中的影响因素,可以有效地构建出关于跨域生态环境协同治理信息资源开放共享体系建设影响因素体系的客观认知框架,并根据分析结果,有针对性地设计、规划与优化开放共享机制的实现路径与政策建议,进而为相关组织主体提供具有科学性、客观性、系统性和全局性的决策与方案参考。

(1) 信息基础设施水平(T1)指标实证应用结果分析

从结果优先型和原因优先型规则所构建的多级递阶结构模型来看,本指标处于沿黄河九省(区)信息资源开放共享指标体系的过渡致因阶,本指标与府际治理压力水平(E3)联系紧密互为因果,此外,该指标在受到来自过渡致因阶中信息技术创新能力(T2)和管理机构参与成效(O1)直接影响的同时,还能够对作为本部分研究中临近致因阶中属于结果因素的信息资源质量水平(O6)指标发出有向线。从对抗博弈思想所构建模型结果的综合角度来看,本指标分别属于两种有向拓扑结构中的 L5 层和 L2 层,均为过渡致因阶内,因此该指标在聚焦于黄河流域实践应用模型中的信息资源开放共享机制中属于固定中介因素,该因素的原因度排名处于整个沿黄河九省(区)指标体系中的第九位,从原因度角度来看,该因素能够造成关键的综合影响效应。而该因素的中心度(重要性)则处于以沿黄河九省(区)为实践应用对象的信息资源开放共享机制中的第九位,从数据层面表明本指标在黄河流域推进开放共享战略目标实现的过程中应该投入优先度相对一般的关注度。

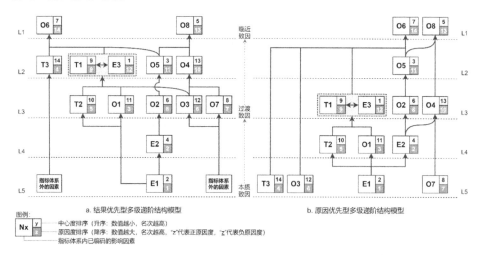

图 6.14 沿黄河九省(区)跨域生态环境协同治理信息资源开放共享多级递阶结构模型

由此可见,在沿黄河九省(区)进一步开展跨域生态环境协同治理信息资源开放共享的管理实践中,当地包括区域 IPv4、5G 基站规模和区域大数据中心规模等内容在内的地区信息基础设施水平最终能够直接影响到沿黄河九省(区)区域内的省级平台建设水平和环境数据开放成效水平,因此在黄河上游信息基础设施水平相对落后的地区,如何在一定程度的府际治理压力水平下,合理采取规避、替代和补足方案以保障在资源和实力有限的情况下打造出高水平的跨域信息资源开放共享平台将会成为重要的研究方向之一。

(2)信息技术创新能力(T2)指标实证应用结果分析

在本部分构建的对抗解释结构模型中,从结果优先型规则来看,本指标处于沿黄河九省(区)信息资源开放共享指标体系的过渡致因阶,该指标在受到本质致因阶中数字经济发展水平(E1)指标的直接影响的同时,还能够对过渡致因阶中的信息基础设施水平(T1)、府际治理压力水平(E3)指标产生直接影响。在 DOWN 型有向拓扑图中,本指标处于实证应用模型所构建 14 个指标中的过渡致因阶,属于中介因素,在原因优先型模型的实证结果中,信息技术创新能力(T2)同样能够对过渡致因阶中的信息基础设施水平(T1)和府际治理压力水平(E3)指标造成直接影响。从对抗博弈思想所构建模型结果的综合角度来看,本指标分别属于两种有向拓扑结构过渡致因阶中的 L3 层和 L4 层,因此该指标在聚焦于黄河流域实践应用模型中的信息资源开放共享机制中属于固定中介因素,该因素的原因度排名处于整个沿黄河九省(区)指标体系中的第五位,从原因度角度来看,该因素能够对其指标体系中的其他因素带来显著的直接或间接影响。而该因素的中心度(重要性)则处于以沿黄河九省(区)为实践应用对象的信息资源开放共享机制中的第 10 位,尽管从数据层面表明本指标在黄河流域推进开放共享战略目标实现的过程中应该投入优先度相对一般的关注度,但是由于其能够直接对开放共享中的核心因素——信息资源质量水平(O6)产生一定程度综合影响,相关主管机构仍不应忽视本指标在目标实现过程中所扮演的重要角色。

由此可见,在沿黄河九省(区)进一步开展跨域生态环境协同治理信息资源开放共享的管理实践中,地方政府和管理主体应该关注信息技术创新能力所涵盖的创新投入、创新产出、创新绩效和创新环境的运行逻辑,并将创新能力与数字红利相结合通过建立鼓励创新、持续学习的文化,在外部环境和内部机制中考察创新参与主体的推进方向是否符合开放共享发展目标的实际需求,合理高效兑现地区信息技术创新能力,为环境数据开放成效赋能。

(3) 数字政务应用能力(T3)指标实证应用结果分析

在对抗思想构建的解释结构模型中,数字政务应用能力(T3)在 UP 型对抗规则下处于沿黄河九省(区)信息资源开放共享指标体系的过渡致因阶,而在 DWON 型模型构建规则下则处于本质致因阶,然而该指标在两个多级递阶结构模型中都同时能够对根本性结果因素之一的信息资源质量水平(O6)指标发出有向线。从对抗博弈思想所构建模型结果的综合角度来看,本指标分别属于两种有向拓扑结构中的 L2 层和 L5 层,因此该指标在聚焦于黄河流域实践应用模型中的信息资源开放共享机制中属于活动原因因素,该因素的原因度排名处于整个沿黄河九省(区)指标体系中的第九位,从原因度角度来看,该因素能够被其他指标体系外影响因素所影响,并能够对少数指标内的因素产生直接影响。而该因素的中心度(重要性)则处于以沿黄河九省(区)为实践应用对象的信息资源开放共享机制中的第14位,从数据层面表明,在实证结果的双重验证下本指标在黄河流域推进开放共享战略目标实现的过程中是信息资源质量水平(O6)的原因因素,因此相关参与主体和主管部门应该在本指标中投入一定的关注度。

由此可见,在沿黄河九省(区)进一步开展跨域生态环境协同治理信息资源开放共享的管理实践中,数字政务应用能力这一指标,在整个机制中扮演了重要的中介因素角色,黄河流域当地政府应该在组织实践中着力调研、考察宏观环境指标、关键技术指标以及目标准备指标对于该能力的影响和传导效应,并进一步理清数字政务应用能力的参与主体所提供信息资源相关数量、质量、规范和范围等领域的具体执行方案对开放共享最终目标实现的关联与效用。

(4) 管理机构参与成效(O1)指标实证应用结果分析

在以沿黄河九省(区)为对象的实证结果中,从结果优先型规则所构建的多级递阶结构模型来看,本指标处于沿黄河九省(区)信息资源开放共享指标体系的过渡致因阶,因此该指标受到本质致因阶中的数字经济发展水平(E1)指标直接影响的同时,还能够对过渡致因阶中的信息基础设施水平(T1)和府际治理压力水平(E3)指标发出有向线。从原因优先型规则所构建的多级递阶结构模型来看,本指标仍处于实证应用模型所构建14个指标中的过渡致因阶,该指标在接收到本质致因阶中的数字经济发展水平(E1)指标发出有向线的同时,亦能够对过渡致因阶中的信息基础设施水平(T1)和府际治理压力水平(E3)指标造成直接影响。从对抗博弈思想所构建模型结果的综合角度来看,本指标分别属于两种有向拓扑结构中过渡致因阶的 L3 和 L4 层,因此该指标在聚焦于黄河流域实践应用模型中的信息资源开放共享机制中属于固定中介因素,该因素的原因度排名处于整个沿黄河九省(区)指标体系中的第三位,从原因度角度来看,该因素能够造成广泛的综合影响效应的同时还能够被其他指标产生显著的直接或间接影响。而该因素的中心度(重要性)则处于以沿黄河九省(区)为实践应用对象的信息资源开放共享机制中的第 11 位,从数据层面表明本指标在黄河流域推进开放共享战略目标实现的过程中应该投入一定优先度的关注度。

由此可见,在沿黄河九省（区）进一步开展跨域生态环境协同治理信息资源开放共享的管理实践中,跨域协同和域内管理机构参与成效因素是黄河流域有效推进跨域信息资源开放共享目标实现的关键指标之一,在两种构建规则中,均证实了以围绕黄河为中心的青、甘、川、宁、蒙、陕、晋、豫、鲁地区中,域内以及跨域管理机构的参与成效是影响开放共享各项绩效考核指标和宏观环境与当地技术能力的重要原因指标,因此,沿黄河九省（区）相关主管部门和参与、协同主体应该重点关注组织实现过程对于跨域信息资源开放共享各项因素和府际治理压力的传导效用以及最终目标实现环节的推动和引导效应。

（5）公共政策支撑水平（O2）指标实证应用结果分析

从结果优先型规则所构建的多级递阶结构模型来看,本指标处于沿黄河九省（区）信息资源开放共享指标体系的过渡致因阶,该指标在受到本质致因阶中生态环境治理成效（E2）指标直接影响的同时,还能够对临近致因阶中的目标评审环节的重要指标,省级平台建设水平（O5）发出有向线。从原因优先型规则所构建的多级递阶结构模型来看,本指标处于实证应用模型所构建 14 个指标中的过渡致因阶,该指标同样在接收到过渡致因阶中的生态环境治理成效（E2）指标发出有向线的同时,还能够对临近致因阶中的省级平台建设水平（O5）指标造成直接影响。从对抗博弈思想所构建模型结果的综合角度来看,本指标同属于两种有向拓扑结构中的 L3 层,因此该指标在聚焦于黄河流域实践应用模型中的信息资源开放共享机制中属于固定过渡因素,该因素的原因度排名处于整个沿黄河九省（区）指标体系中的第八位,从原因度角度来看,该因素能够造成一定综合影响效应的同时还能够被其他指标直接或间接影响。而该因素的中心度（重要性）则处于以沿黄河九省（区）为实践应用对象的信息资源开放共享机制中的第六位,从数据层面表明本指标在黄河流域推进开放共享战略目标实现的过程中应该投入一定程度的关注度。

由此可见,在沿黄河九省（区）进一步开展跨域生态环境协同治理信息资源开放共享的管理实践中,当地公共政策具有着与全国实证结果不同的影响效应,即在黄河流域地区中,对于开放共享相关的各项政策最终能够对包括省级平台建设水平(O5)、信息资源质量水平(O6)和环境数据开放成效(O8)在内的关键指标产生直接影响。因此,在沿黄河九省(区)的跨域信息资源开放共享实践过程中,政策制定部门应进一步加强与组织部门、执行部门以及多元参与主体的沟通与协调,确保能够制定符合开放共享多方利益与合作共赢的支撑政策,并确保各项公共政策具有良好的地域可行性。

(6) 信息科技人才实力(O3)指标实证应用结果分析

根据对抗博弈规则分别构建的结果优先型和原因优先型两种 AISM 模型来看,本指标分别处于沿黄河九省(区)信息资源开放共享指标体系的过渡致因阶和本质致因阶中,该指标在结果优先型多级递阶结构模型中受到来自本质致因阶的指标体系外因素直接影响的同时,还能够对过渡致因阶中的信息基础设施水平(T1)、府际治理压力水平(E3)和开放共享准备水平(O4)指标造成直接影响。从原因优先型规则所构建的多级递阶结构模型来看,本指标处于实证应用模型所构建 14 个指标中的本质致因阶,该指标在不被其他指标体系内因素影响的同时,信息科技人才实力(O3)则能够对信息资源质量水平(O6)造成显著的直接影响。从对抗博弈思想所构建模型结果的综合角度来看,本指标分别属于两种有向拓扑结构中的 L3 层和 L5 层,因此该指标在聚焦于黄河流域实践应用的信息资源开放共享机制中属于活动影响因素,该因素的原因度排名处于整个沿黄河九省(区)指标体系中的第六位,从原因度角度来看,该因素能够在黄河流域信息资源开放共享机制中造成广泛的综合影响效应。而该因素的中心度(重要性)则处于以沿黄河九省(区)为实践应用对象的信息资源开放共享机制中的第12 位,从实证层面表明本指标在黄河流域推进开放共享战略目标实现的过程中应该对优先度投入相对较高的关注度。

由此可见,在沿黄河九省(区)进一步开展跨域生态环境协同治理信息资源开放共享的管理实践中,信息科技人才实力通过对其他指标的综合影响效应,最终都能够直接传导至目标评审的重要指标,即省级平台中信息资源的质量水平上,并同时能够通过直接或间接的影响效应,决定黄河流域地区的信息基础设施水平和府际治理压力水平,从信息科技人才实力的上游指标来看,在两种对抗规则的结果中均表明,在沿黄河九省(区)的信息资源开放共享机制中,当地的数字经济发展水平能够直接对域内信息科技人才的实力造成直接影响,这进一步意味着当地数字经济的溢出效应与聚集效应,能够起到一定程度的人才吸引和人才队伍建设效应,其更深一步的内在机理值得当地主管部门明确、深挖,以确保开放共享工作推进过程中人才实力能够稳中提升。

(7)开放共享准备水平(O4)因素建模结果分析

从两种建构思路下的有向拓扑图得到的结果来看,开放共享准备水平(O4)因素在开放共享体系中的影响效应和关联逻辑则显得尤为重要。从对抗博弈的规则下来看,不论是在结果优先型多级递阶结构模型中,还是在原因优先型多级递阶结构模型内,本影响因素位于过渡致因阶的 L2 层与 L3 层内,因此开放共享准备水平(O4)在AISM 模型的分析结果中属于固定过渡致因因素。从有向线关联来看,开放共享准备水平(O4)因素在两种对抗规则下构建的拓扑层级模型中,均能够对环境数据开放成效(O8)产生直接影响,不仅如此在两种构建规则的建模结果中,开放共享准备水平(O4)还同样被信息资源利用成效(O7)因素所影响。不同的是在结果优先型模型中,开放共享准备水平(O4)还能够被信息科技人才实力(O3)直接影响,而在原因优先型模型内,生态环境治理成效(E2)也是开放共享准备水平(O4)的原因因素。由此,在结果优先型和原因优先型两种模型构建方法的双重验证下,以开放共享准备水平(O4)因素为核心的效应传导关联能够为相关机构和决策部门提供来自 AISM 模型得到的高可信度的定量分析结果支撑。

从 DEMATEL 的分析结果来看,开放共享准备水平(O4)在原因度得分方面排名第 10 位,且属于整个开放共享指标体系中的中介因素,沿黄河九省(区)当地政府更应该关注准备工作中各项法规政策的效力与内容能够为跨域生态环境协同治理和信息资源治理服务,同时还应该聚焦符合黄河流域绿色与高质量发展需求的方案执行标准和规范的设计,确保多元主体能够在目标实现阶段开展有序的治理行动,不仅如此,当地主管部门还应该调整、优化、统一行政区之间和各部门之间的组织与领导模式,保障参与主体、治理主体、协同网络能够在一致的领导和组织风格下开展高效优质的开放共享行动。

(8)省级平台建设水平(O5)因素建模结果分析

在结果优先型规则所构建的多级递阶结构模型中,省级平台建设水平(O5)

在原因优先型和结果优先型多级递阶结构模型中均位于过渡致因阶的 L2 层级中,根据 AISM 建模层级划分特点来看,省级平台建设水平(O5)属于固定中介因素。从整体多级递阶结构来看,本影响因素在模型组中共同收到公共政策支撑水平(O2)因素发出的有向线,因此,在对抗博弈条件下的实证结果表明了该因素在一些情况下能够收到开放共享相关公共政策内容的带动性影响。此外在两种优先型多级递阶结构模型中,省级平台建设水平(O5)均能够对信息资源质量水平(O6)和环境数据开放成效(O8)产生直接影响。结合 DEMATEL 的分析结果来看,省级平台建设水平(O5)在整体指标体系内原因度排名为第六名,排位水平中等,从中心度(重要性)结果来看,省级平台建设水平(O5)因素排名第二名。

由此可见,在沿黄河九省(区)进一步开展跨域生态环境协同治理信息资源开放共享的管理实践中,通过充分调度地区内和地区间富余的先进数字经济资源,通过开放共享准备阶段中布置各项资源的准入、调用和使用方式进行全过程管理,尽快平衡、统一区域内部生态环境信息资源开放共享的府际治理压力与宏观环境因素,进而最终建立标准化的生态环境数据信息采集和交换平台,以实现建成统一的生态环境信息资源数据库的发展目标,并以此充分利用数据库资源加强对生态环境信息的统计和预测分析,进而为区域整体和不同治理领域的生态环境信息资源共享和环境评估与决策提供数据支撑。

(9)信息资源质量水平(O6)因素建模结果分析

信息资源质量水平(O6)在结果优先型规则所构建的多级递阶结构模型中,在整个对抗解释结构模型中均处于整个指标体系的 L1 层级的临界致因阶中,且为固定结果因素,即处于临界致因阶中的影响因素不会对其他影响因素发出有向线,所以在结果优先型和原因优先型多级递阶结构模型中信息资源质量水平(O6)分别能够受到省级平台建设水平(O5)、数字政务应用能力(T3)、信息基础设施水平(T1)、府际治理压力水平(E3)和信息科技人才实力(O3)的直接影响。从对抗博弈思想所构建模型结果的综合角度来看,本指标同属于两种有向拓扑结构中的 L1 层,因此该指标在聚焦于黄河流域实践应用模型中的信息资源开放共享机制中属于固定根本性结果因素,该因素的原因度排名处于整个沿黄河九省(区)指标体系中的第一位,从原因度角度来看,该因素能被其他因素产生的广泛的综合影响效应所影响。而该因素的中心度（重要性）则处于以沿黄河九省（区）为实践应用对象的信息资源开放共享机制中的第七位，从数据层面表明本指标在黄河流域推进开放共享战略目标实现的过程中应该投入高优先度的关注水平。

由此可见，在沿黄河九省（区）进一步开展跨域生态环境协同治理信息资源开放共享的管理实践中，所开放共享的信息资源质量水平不是一蹴而就的，其中大数据技术的基础环境、产业发展和行业应用状态也并非能够在短时间内通过行政手段得到显著提升，因此沿黄河九省（区）在通过政策引导、法规支撑等方面推动地区信息技术水平持续提升的同时，还应在中短期内考虑如何通过促成跨域多元主体合作、弥补技术短板、保障省级平台建设水平的同时，使得省级数据开放共享平台中所承载的信息资源质量能够满足"十四五"时期信息化规划目标以及社会公众对于多领域数据利用的发展需求。

（10）信息资源利用成效（O7）因素建模结果分析

该因素在结果优先型多级递阶结构模型和原因优先型多级递阶结构模型中分别处于过渡致因阶的L3层与本质致因阶的层级L5层，因此属于活动致因因素，从有向图视角来看，该因素在结果优先型多级递阶结构模型中收到来自未被本研究指标体系纳入的其他影响因素的有向线，然而在两种模型中，信息资源利用成效（O7）都能够对开放共享准备水平（O4）产生直接影响，这也从实证的角度证实了黄河流域内对于地区信息资源利用的相关需求能够倒逼当地开放共享准备阶段方案的制订与参与主体的规模和角色。从DEMATEL的建模结果来看，信息资源利用成效（O7）的原因度值为正，排名为第七名，由此可见信息资源利用成效（O7）在整个跨省与生态环境协同治理信息资源开放共享因素中更偏向于原因因素，且能够对指标体系内其他影响因素产生综合影响。从DEMATEL建模的中心度（重要性）得分来看，信息资源利用成效（O7）位于整个开放共享指标体系的第八位，从数据层面表明本指标在黄河流域推进开放共享战略目标实现的过程中应该投入优先度相对较高的关注度。

由此可见，在沿黄河九省（区）进一步开展跨域生态环境协同治理信息资源开放共享的管理实践中，信息资源利用成效（O7）在多重效应的传导作用中影响最终的开放共享利用效应,因此,在实证与实际情况的多重验证下,在复杂多并发条件中如何通过开放共享的主体管理组织、领导以及开放共享方案执行的标准和规范,以保障流域内跨域环境数据开放成效目标的有效达成,将会是"十四五"期间沿黄河九省(区)开放共享相关主导部门和参与主体的工作重点与目标实现过程的核心关注点。

(11)环境数据开放成效(O8)因素建模结果分析

基于对抗解释结构模型的构建模式,本指标结果优先型规则所构建的多级递阶结构模型中属于沿黄河九省(区)信息资源开放共享指标体系的结果因素,环境数据开放成效(O8)和信息资源质量水平(O6)同属于对于省级信息资源开放共享目标实现水平考核的重点项目。在基于两种构建模式下的 AISM 模型中,从致因层级来看,在结果优先型和原因优先型多级递阶结构模型中,环境数据开放成效(O8)位于 L1 层级,处在临近致因阶。综合观察整个对抗解释结构模型,位于不同层级的结果优先型和原因优先型显示结果表明,环境数据开放成效(O8)属于固定结果因素。观察两种多级递阶结构模型能够看出,省级平台建设水平(O5)对本指标产生直接影响的同时,还能收到对开放共享准备水平(O4)发出的有向线。结合 DEMATEL 模型构建结果来看,环境数据开放成效(O8)指标的原因度和中心度排名分别为第 13 名和第 5 名,属于指标体系中的重要结果因素,这也与 AISM 建模结果相吻合。

因此,在沿黄河九省(区)进一步开展跨域生态环境协同治理信息资源开放共享的管理实践中,通过目标落实严格考核原则,在目标管理过程中的随时绩效反馈和落实以环境数据开放成效为对象的目标执行节点的严格考核纳入沿黄河九省(区)开放共享目标执行的重要原则,对于黄河流域跨域生态环境信息资源共享机制建设,严格的考核是确保信息资源在区域内各治理主体间实现开放共享的重要保障。在具体任务目标分解中,必须落实各级政府各部门主要领导的责任,将任务目标的完成纳入各级领导干部的政绩考核指标体系中,以政绩考核和问责的压力倒逼任务目标的实现。

(12)数字经济发展水平(E1)因素建模结果分析

本研究构建的指标体系中,数字经济发展水平(E1)在 AISM 模型中两种优先型多级递阶结构构建规则中,均同时出现在本质致因阶的层级 L5 中,因此数字经济发展水平(E1)在本 AISM 模型中属于固定本质致因因素。从综合影响关系来看,本指标不论在结果优先型多级递阶结构模型中还是在原因优先型多级递阶结构模型中,都能够对信息技术创新能力(T2)、管理机构参与成效(O1)和生态环境治理成效(E2)造成直接影响,由此可以认为,基于 DEMATEL-AISM 方法联用所构建的模型结果表明在开放共享指标体系中,省级行政区内数字经济发展水平能够对当地信息技术人才规模、能力与水平的发展以及当地管理机构在开放共享参与和生态环境治理领域产生关键影响。结合 DEMATEL 分析结果来看,省级行政区内数字经济发展水平的原因度排名在整体影响因素中处于第一位,能够对数个指标体系内的影响因素产生广泛、显著的直接或间接影响,然而在总计 14 个影响因素中,数字经济发展水平(E1)因素的中心度(重要性)同样位列第二位,结合整体指标来看,本影响因素在整个指标体系内能够产生的影响效应显著,主要是因为目前在沿黄河九省(区)中,数字经济发展带来的一系列数字红利和溢出效应已经能够有效地传导至开放共享建设工作的各项重点指标当中。

因此,在沿黄河九省(区)进一步开展跨域生态环境协同治理信息资源开放共享的管理实践中,地区中数字经济的产业状态、融合状态、溢出状态和基础水平主要还是处于沿黄河九省(区)跨域信息资源开放共享机制中的原因因素,黄河流域各地方政府应该关注到当地数字经济发展所激发出的包括信息技术创新能力和数据技术分析能力在内的数字红利,通过做大地区数字红利的基本盘、催化数字红利的激发效率,使得沿黄河九省(区)中相对落后的地区,在中短期内,亦能够在有限的数字经济发展基础上,激发出能够满足当地开放共享建设需求的数字红利,以最终保障当地"十四五"信息化战略目标的高质高效实现。

(13)生态环境治理成效(E2)因素建模结果分析

在对抗博弈规则下,从结果优先型规则所构建的多级递阶结构模型来看,生态环境治理成效(E2)因素同时位于过渡致因阶 L4 层中,因此生态环境治理成效(E2)在 AISM 模型的分析结果中属于固定中介因素。从有向拓扑图的层面来看,在博弈对抗规则的模型建构方法中,生态环境治理成效(E2)在结果优先型和原因优先型多级递阶结构模型中均受到了来自数字经济发展水平(E1)的综合影响。从初步的分析结果来看,在开放共享发展目标的推进过程中,生态环境的治理成效逐步形成了能够被当地数字经济发展溢出效应所影响的新特性。此外,生态环境治理成效(E2)在 UP 型和 DOWN 型规则下构建的模型中,还能够分别对公共政策支撑水平(O2)和开放共享准备水平(O4)产生直接影响。结合 DE-MATEL 的分析结果可以看到生态环境治理成效(E2)的原因度排名处于整个跨域生态环境协同治理信息资源开放共享指标体系中第二位,因此可以认为本影响因素在开放共享体系中能够向其他要素和变量传导一定的综合影响效应。从DEMATEL 的中心度(重要性)定量分析结果来看生态环境治理成效(E2)在整个指标体系内的重要性排名为第四名,仅低于数字经济发展水平(E1)和省级平台建设水平(O5)等关键因素。

由此可见,在沿黄河九省(区)进一步开展跨域生态环境协同治理信息资源开放共享的管理实践中,生态环境治理成效作为沿黄河九省(区)各级政府最为关注的成果指标之一,反而能够进一步以宏观环境因素的角色,最终倒逼信息资源在开放共享中的利用成效,结合实证分析结果与客观实践经验来看,沿黄河九省(区)不论是上游还是中下游地区的生态环境治理成效均接近于全国的平均水平,这意味着为了实现这样的治理成果,当地同样需要在跨域协同治理领域构建相当的基础与实力,这也意味着在跨域生态环境协同治理和跨域信息资源开放共享建设的二元轨道下,属于能够同时对"十四五"时期战略目标产生正向影响效应的关键要素,由此可以推断出,通过着力打造沿黄河流域地区生态环境的治理成效能够最终赋能跨域信息资源开放共享建设中数据集与信息资源的利用成效。

(14)府际治理压力水平(E3)因素建模结果分析

府际治理压力水平(E3)因素在原因优先型和结果优先型多级递阶结构模型中位于过度致因阶中的 L3 和 L2 层,在两种构建规则下所表现出相同的层级坐标表明府际治理压力水平(E3)因素属于 AISM 模型中的固定中介因素,且与信息基础设施水平(T1)具有极为紧密的联系,两个指标间互为因果。此外,从本因素与其他指标的影响关系与有向线关联来看,府际治理压力水平(E3)主要受到管理机构参与成效（O1）和信息技术创新能力（T2）的影响，并且在 AISM 模型中，府际压力治理水平能够对（O6）产生直接影响。从 DEMATEL 分析结果来看，府际治理压力水平原因度得分排名第 12 位，且原因度为负值，因此府际治理压力水平在实践中的理解应认为其更偏向于机制中的结果因素，即存在特定其他因素能够对府际治理压力的水平产生影响，因此 DEMATEL 的分析结果也佐证了本研究方法对于本研究领域的适切性，而从影响要素的中心度（重要性）来看，府际治理压力水平（E3）在整个指标体系中排名为第 1 位。

由此可见，在沿黄河九省（区）进一步开展跨域生态环境协同治理信息资源开放共享的管理实践中，地区管理主体在跨域范围内为争取官员绩效和中央支持的各类资源和政策，在沿黄河九省（区）地方政府间存在围绕跨域信息资源开放共享发展而展开的竞争。沿黄河九省（区）的地方政府间会更加关注邻近的、发展程度相似的其他地方政府的政策动态，采纳他们的创新政策，避免在竞争中处于劣势。因此，当其他省级行政区均进行信息资源开放共享建设时，本地政府会产生紧迫感，为缩小竞争差距，或避免竞争劣势，也会着手加大力度开展开放共享建设，从而促进政策扩散。府际压力越大的城市，加快、加大开展目标实现和目标评审的可能性越大。

构建沿黄河九省（区）跨域生态环境协同治理信息资源开放共享机制的实证结果表明，在现阶段黄河流域地区的组织实践中，相关主要影响因素，即本研究构建指标体系中的各个指标间主要形成了两条经由双重验证下的因果关系链，即在原因优先型和结果优先型多级递阶结构模型中，拓扑关系相同的因素链接（见图 6.15）。

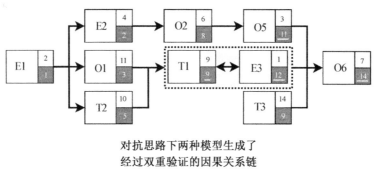

对抗思路下两种模型生成了
经过双重验证的因果关系链

图 6.15　双重验证下的沿黄河九省(区)跨域信息资源开放共享机制指标间因果逻辑链

第一个是以信息资源质量水平(O6)为结果的逻辑链。在该因果逻辑链中,数字经济发展水平(E1)作为根本原因因素的同时,还能够对生态环境治理成效(E2)、管理机构参与成效(O1)和信息技术创新能力(T2)产生直接影响,而管理机构参与成效(O1)和信息技术创新能力(T2)被证实能够对当地府际治理压力水平(E3)和信息基础设施水平(T1)同时产生直接影响,并能够进一步影响该省级行政区内的信息资源质量水平(O6)。此外,公共政策支撑水平(O2)作为生态环境治理成效(E2)结果因素的同时,最终能够通过省级平台建设水平(O5)对信息资源质量水平(O6)产生间接影响效应,而数字政务应用能力(T3)也是信息资源质量水平(O6)双重验证下的关键原因因素之一。上述因果逻辑关系进一步点明了在跨域生态环境协同治理信息资源开放共享目标实现过程中,管理主体单位与地方政府应同时将重点聚焦至如何将技术和数字经济优势传导效应与开放共享目标因素打通链接的议题当中去。因此,沿黄河九省(区)在跨域生态环境协同治理信息资源开放共享的组织实践中,地区牵头部门与核心管理部门应进一步推进当地各业务条线主管部门和参与主体间的协同治理,以生态环境保护、地区信息技术与人才队伍发展,以及开放共享专项准备三大领域间有机协作的方式,设计好、规划好、组织好、落实好沿黄河流域多并发条件下信息资源开放共享的利用成效,通过做好信息资源开放共享供给工作,以满足社会公众对信息资源的利用需求为前提,打好"十四五"时期跨域信息资源开放共享战略目标实现的攻坚战。

第二条则是以环境数据开放成效(O8)作为因果效应传导终点的因果链。在该结构的因果关系中,信息资源利用成效(O7)在对开放共享准备水平(O4)产生直接影响后,由开放共享准备水平(O4)进一步将影响效应传导至环境数据开放成效(O8)。由此可见,在沿黄河流域各地区中,当地社会各界和多元主体对于信息资源利用的各类需求不但能够有针对性地对开放共享准备方案的设计与落实产生直接影响,在本因果关系逻辑链中还能最终对于对当地环境数据开放成效产生显著的综合影响并最终形成良性的需求-供给迭代循环,因此,沿黄河九省(区)各级政府可以通过利用好、发展好、规划好沿黄河九省(区)当地的信息技术基础设施资源,以加强管理机构间跨域参与成效的方式,最终能够有效推进当地省级数据开放共享平台建设以及平台所承载的信息资源质量各项关键目标评审考核指标的有效实现。

综上所述,可以看到全国范围内与沿黄河九省(区)之间跨域生态环境协同治理信息资源开放共享机制在指标间因果关系和内在运行机理方面具备大同小异的特征,其不同点尤其体现在沿黄河九省(区)作为大数据全样本特征中的应用分析个案,展现出了具备其地域发展特点、运行机制和指标间逻辑本地化的内在机理特点,同时多种模型联用的方式也证实了实验室决策-对抗解释结构模型能够被有效应用于跨域信息资源开放共享机制研究的同时,还证明了该模型用于管理和组织实践应用提供来自实证角度的可靠支撑和参考来源。

6.4 沿黄河九省(区)与全国 31 省(市、区)间跨域生态环境协同治理信息资源开放共享机制实证研究结果对比

6.4.1 沿黄河九省(区)与全国范围信息资源开放共享指标原因度与中心度对比

(1)原因度对比

原因度指示的是指标在跨域生态环境协同治理信息资源开放共享机制中的原因倾向,本研究通过分别构建了基于全国 31 个省级行政区和沿黄河流域 9 个省级行政区的跨域信息资源开放共享因果关系的实验室决策法(DEMATEL)模型,得到了指标体系中所有 14 个指标在原因度测定结果方面的数据比对结果

(见表6.6、表6.7)。

表6.6 沿黄河九省(区)与全国范围信息资源开放共享指标原因度对比(原因度为正值)

地域	原因度为正值的指标						
全国	T1	T2	T3	O3	O4	O5	E1	—
沿黄	O2	T2	T3	O3	O1	O7	E1	E2

表6.7 沿黄河九省(区)与全国范围信息资源开放共享指标原因度对比(原因度为负值)

地域	原因度为负值的指标						
全国	O1	O2	O6	O7	O8	E3	E2
沿黄	T1	O4	O6	O5	O8	E3	—

从本研究中的两个DEMATEL模型构建结果的原因度正值指标来看,不论是在全国范围内还是在沿黄河九省(区)地区中,作为原因因素对整个指标体系产生广泛影响的四个指标主要来源于TOE框架中的技术因素以及组织因素中的目标准备和目标实现因素。由表6.6可见,在两个地域范围内,均扮演了原因因素角色的指标分别是信息技术创新能力(T2)、数字政务应用能力(T3)、信息科技人才实力(O3)和数字经济发展水平(E1)。因此,在全国与沿黄河九省(区)在跨域信息资源开放共享目标实现下一阶段的方案制订和行动规划中,应该以鼓励地区信息技术创新能力为出发点,打牢巩固当地信息科技人才实力为前提,提升发展跨域数字政务应用能力为基础,做实数字经济发展水平,以激发数字红利和数字经济溢出效应为切入点,通过完善优化各项开放共享工作准备阶段方案为核心的治理思路,长期发展和中短期规划相结合,从原因性领域出发,以"全国一盘棋"的方式,积极推进跨域生态环境协同治理信息资源开放共享战略和目标的有力实现。

从沿黄河九省(区)与全国范围跨域信息资源开放共享的结果指标(原因度为负值的指标)来看,在上述两个地域范围作为研究对象的DEMATEL建模结果中,均被证实为结果因素的指标主要是技术-组织-环境多理论融合分析框架中组织因素中的目标评审层面的相关指标,分别为信息资源质量水平(O6)、环境数据开放成效(O8)和府际治理压力水平(E3)。从结果因素的并集指标中不难看出,本研究通过构建DEMATEL模型,进一步证实了对围绕省级数据开放共享平台建设各项绩效指标的最终实现是建立在多元主体参与的多并发条件下共同作用的结果,这样的研究结果也进一步证实了在跨域信息资源开放共享组织实践中,坚持、建立、完善、健全跨域协同治理原则的重要性和必要性。

从全国范围与沿黄河九省(区)指标的不同点来看,在"十四五"时期跨域信息资源开放共享的各项具体方案制订和行动规划中,全国和各地各级政府与多元参与主体应该重点关注当地开放共享准备水平(O4)以及信息基础设施水平(T1)对信息资源开放共享目标的实现所带来的影响,尤其是发展相对落后或薄弱的地区,因厘清上述指标对于其他要素的影响效用,从而有针对性地制订中长期发展方案以提升短板,并在短期内制订有效的弥补或替代措施以保障目标实现的各项工作不被客观缺陷所制约。而在聚焦沿黄河九省(区)的目标实现过程中,还应重点关注包括公共政策支撑水平(O2)、管理机构参与成效(O1)、信息资源利用成效(O7)以及行政区划间生态环境治理成效(E2)在内的宏观环境因素对于整体目标实现的影响效应,通过进一步的调研和实践经验总结,厘清宏观环境因素对于核心指标的因果关系,打通效应传导通道,以协同合作为宗旨,积极推进流域内各地区信息资源开放共享目标的高质量实现。

(2)中心度对比

中心度指示的是指标在跨域生态环境协同治理信息资源开放共享机制中的重要性,本研究通过分别构建了基于全国 31 个省级行政区和沿黄河流域 9 个省级行政区的跨域信息资源开放共享指标间因果关系和内在机理的实验室决策法(DEMATEL)模型,得到了指标体系中所有 14 个指标在中心度测定结果方面的数据比对结果(见表 6.8)。

表 6.8　沿黄河九省(区)与全国范围信息资源开放共享指标中心度前 7 位

地域	中心度前 7 位指标						
全国	O2	O5	O6	O3	O4	O7	T1
沿黄	O2	O5	O6	O8	E1	E2	E3

从两个 DEMATEL 模型构建结果的前 7 位中的共性指标来看,全国范围内与沿黄河九省(区)两个地域中,公共政策支撑水平(O2)、省级平台建设水平(O5)和信息资源质量水平(O6)均表现出了显著的重要性,即位于整个指标体系中中心度得数的前 7 位。因此在全国范围内,包括黄河流域地区的跨域信息资源开

放共享组织实践中,相关主管部门与多元参与主体应同时聚焦于府际间跨域管理机构的参与成效对于各项开放共享支撑公共政策的设计与制定效果的影响,并将开放共享绩效考核重点设置在省级数据开放共享平台建设的质量水平以及平台承载信息资源的质量水平利用成效方面。因此可以认为在全国范围内和沿黄河九省(区)信息资源开放共享体系建设目标的实现主要取决于多元主体参与协同层面的行动质量,进而可以以突出重点、分步实施的策略,抓好"十四五"时期跨域信息资源开放共享目标在规划期限内的有效实现。

从地域重要指标的差异来看,在全国整体范围内,信息科技人才实力(O3)、开放共享准备水平(O4)、信息资源利用成效(O7)以及信息基础设施水平(T1)是整个跨域生态环境协同治理信息资源开放共享机制中最为重要的几个指标之一。而在沿黄河九省(区),环境数据开放成效(O8)、数字经济发展水平(E1)、生态环境治理成效(E2)和府际治理压力水平(E3)则更为关键,同时上述四大指标在以沿黄河九省(区)为对象的建模结果中的影响度和被影响度分析中,也表现出了显著的(被)影响力。因此,中心度分析的结果再一次强调了黄河流域地区组织主体和开放共享建设发展的方案制订与设计中,应该将上述四大影响因素作为需要聚焦的核心影响因素进行调研、考察和考量。在黄河流域沿岸省份中开放共享体系建设相比于全国范围,更偏向于宏观环境的系统性状态以及目标实现方面的行动质量,上述分析结果不但佐证了将 DEMATEL 应用于协同治理、生态环境治理和开放共享相关研究的适切性,更反映出了地方管理机构在设计、制订、实现相关目标的过程中,应该关注各项可能对上述指标造成综合影响的要素,以保障管理投入能够有效地传导至黄河流域地区开放共享机制中结果因素当中去,以顺利实现既定的发展战略和规划目标。从由实验室决策法实证结果得到的在全国范围内的特色重点指标中,公共政策的支撑、地区人才队伍的培养和组建以及当地信息化基础设施建设的完备程度则表现出了更为重要的特点,因此,从全国层面来讲,在现阶段我国中西部地区与东南沿海发达地区具有一定显著的发展差距的背景下,应主要关注与政府数字化、政务信息化和公共数据开放共享相关基础和前提条件发展相关的一系列因素,通过"传帮带"的方式,以专项方案为切入点,保障全国整体范围内各个省级行政区能够又好又快地实现"十四五"时期各项信息化发展规划的预设目标。

6.4.2　沿黄河九省(区)与全国信息资源开放共享机制中固定因素指标与活动因素指标对比

固定因素是指在对抗解释模型中使用 UP 和 DOWN 型两种构建规则得到实证结果的模型中,在两个多级递阶结构模型中均处于同一拓扑层级,经过双重验证后还处于相同致因阶的指标。从具体指标上看,分别在全国和黄河流域两个跨域范围内,信息基础设施水平(T1)、信息技术创新能力(T2)、管理机构参与成效(O1)、公共政策支撑水平(O2)、开放共享准备水平(O4)、省级平台建设水平(O5)、信息资源质量水平(O6)、环境数据开放成效(O8)、数字经济发展水平(E1)、府际治理压力水平(E3)10 个固定因素均在不同行政区划范围间经过多重验证证实了其在整个跨域生态环境协同治理信息资源开放共享机制中的固定效应。具体来讲,这也进一步证实了在开放共享实践中,在全国范围和黄河流域的层面上,上述 10 个指标已经被证实了其在开放共享机制中的稳定性与因果性质的确定性与清晰度,因此,全国各级政府主管部门与多元参与主体可依托相关固定影响因素,因地制宜地制定出符合各个地域和参与主体特征的行动方案和路径规划(见表 6.9)。

表6.9　沿黄河九省(区)与全国范围信息资源开放共享固定因素指标对比

地区	指标1	指标2	指标3	指标4	指标5	指标6	指标7	指标8	指标9	指标10	指标11	指标12
全国	T1	T2	O1	O2	O3	O4	O5	O6	O7	O8	E1	E3
沿黄	T1	T2	O1	O2	—	O4	O5	O6	—	O8	E1	E2

而活动因素是指在对抗解释模型中使用 UP 和 DOWN 型两种构建规则得到实证结果的模型中,在两个多级递阶结构模型中均未处于同一拓扑层级,经过双重验证后不处于相同致因阶的指标。从全国和沿黄河流域地区中活动因素指标集合的并集来看,在未来的研究中可以重点关注数字政务应用能力(T3)和府际治理压力水平(E3)在整个跨域生态环境协同治理信息资源开放共享机制中指标间因果关系和内在机理表现出不稳定和活动的底层因素,并通过有效规避其不稳定性所带来的掣肘与负面效应,有效推进拉动当地跨域信息资源开放共享战略目标的高质量实现(见表 6.10)。

表6.10 沿黄河九省(区)与全国范围信息资源开放共享活动因素指标对比

地区	指标1	指标2	指标3	指标4
全国	T3	—	—	E2
沿黄	T3	O3	O7	E3

6.5 多级递阶结构模型在沿黄河九省(区)跨域治理中应用的结果分析

从以沿黄河九省(区)为对象所构建的实验室决策-对抗解释结构法联用模型得到的实证结果分析情况来看,在黄河流域地区现阶段的跨域生态环境协同治理信息资源开放共享的组织实践中,表现出了四大治理特征。

一是治理过程的多元联动性。跨域协同治理过程的多元联动性表现为技术因素面、组织因素面和宏观环境因素面在复杂环境下对于治理目标实现过程中所体现的"联合行动"特点,即来自不同因素层的若干个指标间存在相互关联的特点,当一个指标发生变化时,该指标所处因果关系链的其他指标也会跟着产生变化和演进,并最终导致跨域治理目标的实现成效。从机制的具体内在机理来说,一个治理目标的实现,有赖于多领域因素的共同作用,技术、环境指标间与目标准备和目标实现指标只有进行恰当、高效与协同的多元联动,才能够最终推动治理目标的有效实现。

二是治理因素的多重并发性。从图6.14中所反映的双重验证下沿黄河九省(区)的跨域信息资源开放共享机制中可以看到,在新形势、新战略、新要求的新时代发展背景下,在沿黄河九省(区)中的跨域治理实践中,组织因素的各个指标与行动在传统的组织内部目标实现过程中的单向单链条效应传导机制的封闭性被打破,组织行动与目标实现不再是一一对应的关系,一个结果指标有着多重的原因因素,同样的一个原因因素也可能对多个结果因素产生显著影响。由此可以进一步看到并发因素间也具有相互制约的关系,直接制约体现为一个行动的开展有赖于另一个行动的结果,而间接制约则体现在多个组织因素间可能会竞争同一类基础技术或宏观环境资源。

三是治理目标的协作共赢性。治理目标,即TOE多理论融合分析框架中组织因素的目标评审指标[省级平台建设水平(O5)、信息资源质量水平(O6)、信息资源利用成效（O7）和环境数据开放成效（O8）]。从实证结果所构建的开放共享机制中不难看出，在沿黄河流域九省（区）的多个跨域协同治理目标的因果逻辑链中，"共赢"不但反映在多个目标间具有相同或相通的前提因素与原因因素，而且"共赢"还能够进一步反映在治理目标的最终实现也成为跨域（地域、部门、领域）间协同治理得以展开的前提。因此，本研究亦证实了"共赢"是生态环境多元共治模式的目标所在这一学术观点。

四是治理逻辑的循环效应性。从构建的沿黄河九省（区）跨域信息资源开放共享机制中不难看出，部分现实实践中的结果因素（治理目标）有赖于其前置目标的实现，但是该结果因素又能进一步地对其他组织因素与治理目标产生循环性的综合影响效应，进而以目标的不断实现，形成良性发展的循环效应。例如，在以环境数据开放成效（O8）作为因果效应传导终点的因果链中，信息资源利用成效（O7）有赖于省级信息资源开放共享平台的建成，而建成后的信息资源利用成效又能够在开放共享建设反复迭代、完善和优化的过程中倒逼开放共享准备工作的各项成效，进而再将影响效应传导至能够促进生态环境协同治理的环境数据开放成效（O8）目标结果当中去。

由此可见，多级递阶结构模型在沿黄河九省（区）跨域治理中应用的结果表现出了具有地区特点、发展特点和因果特点的跨域治理四大特征。然而在沿黄河九省（区）跨域治理的四大特征下，作为开放共享机制中的核心因素——组织因素，其在技术和环境因素中各项指标间在现阶段的相互作用与传导具体联结也并非理想与完美的，从目标管理理论结合具体实证结果的角度来看，沿黄河九省（区）跨域治理在四大特征下，在目标准备、目标实现、结果输出与目标评审四个领域存在着一些重要的且尚未解决的治理问题。

6.5.1 目标准备因素中的压力问题分析与成因推导

从实证结果来看，目标准备阶段难以平衡内部动力与外部压力，在复杂系统和多并发条件下，两种压力间存在的利益差异导致开放共享目标实现困难。具体来讲，在沿黄河九省（区）跨域信息资源开放共享机制指标间因果逻辑链中，开放共享准备水平（O4）在受到难以平衡内部动力与外部压力的双重影响下，该指标于过渡致因阶中没能在原因优先型和结果优先型对抗规则下产生经过双重验证的因果逻辑链,该目标准备指标时在结果优先型规则中主要受到信息科技人才实力(O3)等因素的直接影响,而在原因优先型规则下则又被验证了能够接收到数字经济发展水平(E1)和生态环境治理成效(E2)等因素的综合性影响,而由此带来的后果是环境数据开放成效(O8)作为目标准备因素的结果因素。在整个跨域生态环境协同治理信息资源开放共享机制中,难以通过有效、直接的治理手段和工具以高效高质的状态保障治理目标的最终实现。不仅如此,在指标构建过程中,作为能够反映目标准备阶段水平的开放共享准备水平(O4)指标,还包含了意在实现与省级平台建设水平(O5)和信息资源质量水平(O6)等治理目标相关的实际内容,但是建模结果却显示,在现阶段,开放共享的各项准备工作与投入难以打通面向预期实现目标的传导效应链,这也进一步说明了在开放共享机制中,当前组织实践的目标准备阶段遭受了不平衡的内部动力与外部压力,进而导致了该指标产生了与期望状态相"游离"与"偏离"的实际情况,并最终导致了开放共享目标的实现困难。

根据实证结果联系组织实践来看,跨域多元参与主体间的利益差异致使开放共享的行动共识难以形成。在内部主体与外部主体所构成的多元参与主体之间形成明确、平衡的开放共享共识,是跨域生态环境协同治理信息资源精准开放共享顺利实施的前提,是促使各主体积极参与精准开放共享的内在驱动力。受科层制影响,跨域行政系统的碎片化和部门裂化问题严重,这导致了地方保护主义和部门中心主义,致使跨域数据精准开放共享不协调。此外,从开放共享主体角度出发,生态环境协同治理信息资源精准开放共享的根本目的是实现自身利益最大化,数据开放共享只是利益相关者在达成相对满意条件后的外化协同方式。这种利益差异会增加跨域协同治理目标准备阶段成果的难度,从而降低开放共享的效益。正如奥尔森集体行动逻辑所揭示的那样,人类社会在集体目标的实现中,个体一般不能进行有效的协同,甚至会出现不合作或搭便车的行为,生态环境协同治理信息资源精准开放同样也会受到集体行动困境的影响。

同时,沿黄河九省(区)各自为政的治理现状弱化了开放共享的需求动机。跨域生态环境治理采取多元主体管理和行政区域管理相结合的方式,这使得跨域生态环境治理的条块特征明显,管理碎片化问题突出。具体而言,跨域环境治理涉及流域、生态保护区、同类地理区位等跨域协同管理的特点,由环境治理部门牵头,水域、林业、自然资源、检察等部门共同参与。这种跨域生态环境治理方式,使得跨域生态环境治理主体之间的权责不清,不同职能部门的边界模糊,容易产生政出多门的问题,使跨域生态环境治理与信息资源开放共享目标实现的过程中出现"九龙治水"的局面。各主体之间的业务壁垒进一步强化了地方和部门的利益,固化了"各扫门前雪"的思维模式,导致了数据保护主义的产生,并在一定程度上弱化了多元参与主体在跨域生态环境协同治理信息资源开放共享中的准备意愿和资源投入动机,并最终导致了开放共享准备水平受制于内外部压力,难以形成有效的准备水平,无法高效赋能目标实现的现实问题产生。

6.5.2　目标实现因素中的阻力问题分析与成因推导

从实证结果来看,即使在经过双重验证的沿黄河九省(区)跨域信息资源开放共享机制指标间因果逻辑链中,也能够从反映开放共享目标实现因素的各项指标中观察到,在沿黄河九省(区)跨域治理的目标实现过程中表现出了不同参与主体间存在着理性与非理性的协同阻力。具体来讲,目标实现因素中的阻力问题主要表现在同一个治理目标的实现过程中产生了多种截然不同的开放共享机制逻辑与目标实现方式,以实现以信息资源质量水平(O6)为治理目标的逻辑链为例,实证结果反映出在以数字经济发展水平(E1)和生态环境治理成效(E2)为宏观环境背景的前提下,可以通过公共政策支撑水平(O2)完成省级平台建设水平(O5)前值目标的方式保障信息资源质量水平(O6);而与之并列的情形则是,信息资源质量水平(O6)的实现还能够通过以数字经济发展水平(E1)为背景的发展前提下,通过管理机构参与成效(O1)或信息技术创新能力(T2)的投入,再将治理效应传导至信息基础设施水平(T1)和府际治理压力水平(E3)中,进而实现信息资源质量水平(O6)目标;再或者直接以数字政务应用能力(T3)的发展,来保障信息资源质量水平(O6)的最终成果。由此,实证结果有向拓扑中存在着唯一目标却能够以多条并行的主线与支线实现的形式,鲜明地反映出沿黄河流域九省(区)跨域治理中存在着治理模块冲突、行政壁垒或机构割据的组织实践问题。

根据实证结果联系组织实践来看,政策供给不足致使开放共享的稳定性不佳。首先,行政体制的条块划分和职能分工,使得跨域"各条"与"各块"之间存在两种截然不同的数据精准开放共享逻辑和运作方式,这导致了跨域条块冲突、行政壁垒和部门割据,破坏了生态环境协同治理信息资源精准开放共享的联动性和整体性。其次,在政策法规方面,尽管中央在近几个五年计划期间,将信息资源开放共享、跨域生态协同治理和高质量发展等理念逐步纳入国家重大发展战略,在此期间,各省域紧跟中央步伐,先后出台各省的规划纲要,但尚未出台专门的跨域生态环境协同治理信息资源开放共享的政策法规。生态环境协同治理信息资源开放共享的实施主要依据 2016 年环境保护部办公厅印发的《生态环境大数据建设总体方案》和 2018 年生态环境部审议通过的《2018—2020 年生态环境信息化建设方案》,法律政策供给存在明显不足。

同时,多元参与主体的异质性大导致开放共享契合度低。首先,开放共享主体作为理性行动者,会优先计算生态环境协同治理信息资源精准开放共享带来的成本收益,并通过一定的行为策略维护既得利益,避免相应损失。这种追求自身利益最大化的行为动机,会加剧开放共享主体间的利益冲突,进而降低各主体参与精准开放共享的意愿。其次,就整个跨域的经济发展而言,总体上呈现出西部发展滞后、中部崛起、东部发达的态势,且东、中、西部省域的发展差距仍在持续拉大,这种经济发展上的差异可能会拉大数字政府在信息资源平台建设、开放共享意识、技术应用等方面的差距。最后,跨域地理跨度大、生态底色脆弱,不同区段生态问题和突出矛盾差异明显。因此,省域间尚未形成强烈的协作意愿和协作机制,开放共享的契合度较低。

不仅如此,信息资源的属性决定了跨域生态环境协同治理信息资源精准开放共享的方式和特点,进而影响了数据开放共享风险的产生。首先,生态环境协同治理信息资源作为一种沉没成本,一旦开放共享就成为区域的公共物品,这也就是参与主体均可自由使用开放共享数据并从中获取收益,在收益分配公平性难以保证的前提下,精准过程中的负外部性会明显增强。其次,生态环境协同治理信息资源的非对称性可能会导致数据精准开放共享主体之间出现"道德风险",引发信任危机,进而增强开放共享的不稳定性。最后,根据《民法典》127条:"法律对数据、网络虚拟财产的保护有规定的依照其规定。"但现行法律并没有明确数据归属①,即生态环境协同治理信息资源的收集、使用、交易等一系列权力都处于法律真空地带,这就意味着数据的供给者和使用者均需承受巨大的法律风险,由于不清楚自己的行为是否符合法律规范,各主体的开放共享意愿会大大降低。

此外,沿黄河九省(区)协同环境的不理想致使开放共享后劲不足。首先,跨域标准化的数据管理体系尚未建立,对生态环境协同治理信息资源的格式、来源、使用方式也没有作出统一的要求,这使数据自由流通受阻、开放共享效率降低。其次,沿黄地区经济的快速发展,提高了公民对生态环境质量和环境公共服务的要求,沿黄政府会迫于舆论压力开展生态环境协同治理信息资源精准开放共享,改善跨域生态环境,但社会力量参与的渠道较少,其影响作用十分有限。

6.5.3　结果输出阶段中的引力问题分析与成因推导

从实证结果来看,在结果输出阶段,跨域治理整体性与生态环境协同治理信息资源分散之间的冲突导致生态环境协同治理信息资源分散致使供需精准对接困难。具体来讲,从 DEMATEL 模型的分析结果来看,信息资源利用成效(O7)作为重要的结果输出因素,在治理预期中应该处于原因度为负且原因度排名靠后的结果因素,然而模型给出的分析结果则指出信息资源利用成效(O7)的原因度为 14 个指标中的第 7 位且排名为正,属于中介因素。不仅如此,在 AISM 模型的构建结果中也再次证实了这一点,从 AISM 模型中的结果优先型规则下来看,信息资源利用成效(O7)受到了来自指标体系外因素的综合影响后,又进一步地能够与信息科技人才实力(O3)一同对开放共享准备水平(O4)和环境数据开放成效(O8)产生综合性影响,而在原因优先型规则下,信息资源利用成效(O7)又能够与包括生态环境治理成效(E2)在内的环境因素和技术因素同时作为原因因素,向机制中绝大部分组织因素发出来自其自身影响效应,不仅如此,信息资源利用成效(O7)在沿黄河九省(区)的跨域治理中,还难以受到来自信息资源开放共享各大关键组织因素的影响,独立于以省级平台建设水平(O5)、信息资源质量水平(O6)为核心的组织因素所构成的运行逻辑外。由此可见,在实证结果中,从

---

① 陈晓勤.需求识别与精准供给:大数据地方立法完善思考:基于政府部门与大数据相关企业调研的分析[J].法学杂志,2020,41(11):91-101,129.

信息资源利用成效(O7)在整个机制中所表现出来的特征反映出了跨域生态环境协同治理信息资源开放共享过程中对于信息资源的数据供给与利用需求间存在着严重的脱节问题,并由供需间引力不匹配的特点,能够进一步反映出信息资源在现阶段的流动逻辑和运行模式存在着显著的主体行动封闭性问题。

根据实证结果联系组织实践来看,生态环境治理的分散性特点导致供需精准对接困难。黄河流域涉及九个省级行政区,水系、支流、生态环境地貌丰富多样、跨度面积庞大,涉及参与主体多元复杂。黄河流域全长5464公里,自西向东流经69个地区329个县后注入渤海①,其地理跨度大,涉及主体多。环境数据分散在沿黄九省不同层级的不同职能部门中,这导致黄河流域环境数据具有极强的分散性。精确掌握共享各方的数据持有情况和需求,是实现环境数据精准共享的前提。黄河流域环境数据来源的多样性、主体的复杂性、数据信息的分散性,使黄河流域环境数据精准共享不仅要考虑机构间协作本身的难度,又要考虑由数据特殊性所带来的精准共享的困难。传统自上而下指令性的数据资源单向流动,会进一步固化环境数据资源的使用范围和流动边界,阻碍跨域环境数据的共享互动,造成跨域环境数据供给和需求之间的错位,致使黄河流域环境数据精准共享的效能大打折扣。

同时,地方政府的封闭性阻碍了环境治理数字化。环境数据精准共享是黄河流域实现从碎片化治理向协同治理转变的基础,是实现全流域数字管理和统筹发展的关键。黄河流域生态治理的整体性需要各主体打破地方保护主义和数据保护主义的逻辑惯性,实现全流域环境数据资源的无障碍流动和无缝隙对接。就目前而言,黄河流域地方政府的封闭主义依然严重。在2019年黄河战略提出之后,沿黄河各省纷纷建立了相应的环境数据共享平台和数据库,启动辖区内的环境数据共享方案,如济南市启动"智慧黄河"数字平台建设、陕西省构建黄河流域生态空间治理人工智能应用体系、甘肃出台《甘肃省黄河流域环境保护与污染治理转向实施方案》,建设黄河流域治理保护大数据库,但在沿黄河九省(区)中仍存在有部分省(区)综合数据平台尚未建立的情况,这进一步制约了跨域生态

① 周伟.黄河流域生态保护地方政府协同治理的内涵意蕴、应然逻辑及实现机制[J].宁夏社会科学,2021(1):128-136.

治理面整体化的进程。

6.5.4 目标评审因素中的动力问题分析与成因推导

从实证结果来看,从目标评审角度来看,沿黄河九省(区)存在着成本-收益失衡与实际贡献测度失准的矛盾问题。具体来讲,结合多级递阶结构模型分析结果与沿黄河九省(区)与全国范围技术因素指标均值的对比结果来看,黄河流域地区在基础设施水平(T1)、信息技术创新能力(T2)与数字政务应用能力(T3)建设方面均投入了与全国平均水平相当的资源与精力,不仅如此,在跨域开放共享目标实现过程中,沿黄河九省(区)在上、中下游流域中,相较于全国平均水平,均表现出了不俗的管理机构参与成效(O1)和公共政策支撑水平(O2),然而在对于目标评审的几大核心指标中,例如开放共享准备水平(O4)、省级平台建设水平(O5)、信息资源质量水平(O6)和信息资源利用成效(O7)方面,其目标实现成效与成果则与全国平均水平在数值上存在 10%~45%范围内的较大差距。从以全国平均水平为对标对象的对比分析中则不难看出沿黄河九省(区)在跨域生态环境协同治理信息资源开放共享实践中存在着显著的成本-收益失衡,以及实际贡献测度失准的矛盾问题。更为严峻的是,从沿黄河九省(区)内部来看,山西、河南、陕西、甘肃、青海、内蒙古和宁夏,在信息基础设施水平(T1)、字政务应用能力(T3)、管理机构参与成效(O1)、公共政策支撑水平(O2)乃至数字经济发展水平(E1)和生态环境治理成效(E2)等促成跨域信息资源开放共享关键目标实现的前提要素方面,都不过度弱于乃至部分强于山东省与四川省的发展水平,但是在省级平台建设水平(O5)、信息资源质量水平(O6)、信息资源利用成效(O7)和环境数据开放成效(O8)等我国发展战略所考察的核心绩效指标方面,则表现出了与前置投入和基础投入极度不匹配的情况,部分省(区)甚至出现了在提供了相当规模的支撑政策供给的前提下,几乎没有任何开放共享成效与成果情况,这更加反映出了当前沿黄河九省(区)存在着成本-收益失衡与实际贡献测度失准的严重问题。

根据实证结果联系组织实践来看,现阶段沿黄河九省(区)存在着目标控制导向的绩效评估导致开放共享行动中的机会主义问题。2021 年,中共中央、国务院印发《黄河流域生态保护和高质量发展规划纲要》提出"统筹规划、协同推进"

的黄河流域生态环境治理原则,并成立黄河流域生态保护和高质量发展领导小组,负责领导、统筹、协调、督促流域生态环境治理和高质量发展。沿黄河地方政府根据领导小组的整体规划,将治理目标在本行政区域内进行逐级分解、实施监督,并对执行结果进行评估,以保证治理目标的实现。传统绩效评估坚持目标控制导向,绩效评估结果以目标的达成度作为衡量依据。黄河流域生态环境治理的复杂性决定了其绩效评估的维度和指标应是多样化的,且一味追求目标—结果的一致性,可能会忽略对目标执行过程的精准把握,致使绩效评估缺乏精确度,进而导致数据精准共享机会主义的产生。

此外,在跨域治理中,流域内多元主体间利益补偿机制缺失致使共享动力不足。黄河流域环境数据精准共享涉及多个利益主体,且每个利益主体都是具有理性思维能力的相对独立个体。共享环境数据的准公共物品属性,使其具有了收益的非排他性和各主体实际贡献无法精准掌握的实际弊端。这会使协同主体陷入互相猜忌的状态,并逐渐瓦解共享主体之间建立的信任机制和协作基础,最终导致精准共享行为的失败。目前,黄河流域各主体建立了以水质改善为基准的生态补偿机制,如《黄河流域(四川—甘肃段)横向生态补偿协议》和《黄河流域(鲁豫段)横向生态保护补偿协议》,但尚未建立以数据共享为基准的补偿机制,这造成了共享主体成本和收益的失衡,进而降低了沿黄河政府参与环境数据精准共享的积极性。

由此,本部分通过根据 DEMATEL-AISM 模型分析结果,结合无缝隙政府理论,在基于 TOE 框架的多理论融合分析框架下,认为生态环境协同治理信息资源开放共享是生态环境治理领域顺应时代发展的产物,最终目的是破解环境治理的困境。目前,沿黄河九省(区)跨域生态环境协同治理信息资源开放共享建设中的制约因素较多,这严重影响了高水平开放共享的顺利实施,要想实现生态环境协同治理信息资源开放共享的最大效益,应从以平衡压力、消除阻力、创造引力和提升动力四个方面加以完善。

6.6 本章小结

本章在前文以全国 31 个省级行政区为对象所构建的能够反映跨域信息资源开放共享机制的多级递阶结构模型实证流程的基础上,以沿黄河九省(区)作为案例对象进行模型构建的实证应用分析,从而分析、对比沿黄河九省(区)在信息资源开放共享关键影响因素间内在机理与全国范围内的异同和特点。具体来讲,本章首先对沿黄河九省跨域生态环境协同治理信息资源开放共享数据来源与处理方式进行阐释与说明,其后对沿黄河九省的跨域生态环境协同治理信息资源开放共享指标进行现状分析与对比,随后以沿黄河九省为对象构建多级递阶结构模型进行实证应用分析,最后根据实证应用的结果分析黄河流域与全国范围在跨域生态环境协同治理信息资源开放共享机制间运行逻辑和因果关系间的共性与差异,并对沿黄河九省(区)的跨域治理应用结果展开了结论性分析,得出了黄河流域地区在当前跨域生态环境协同治理信息资源开放共享组织实践中的特征、问题与挑战,从而为后续的对策建议提供来自实验数据、系统工程与定性分析视角下的支撑与参考。

第7章　跨域生态环境协同治理信息 资源开放共享机制运行的政策路径

7.1　跨域生态环境协同治理信息资源开放共享机制运行的政策框架

7.1.1　政策框架构建的目标与原则

（1）政策框架构建的目标

设计、构建、制定符合跨域生态环境协同治理信息资源开放共享机制特点与特征的政策时,总是需要通过明确政策构建的具体目标,厘清政策构建的正确方向。政策框架构建的目标可以被理解为构建的一揽子政策所预期达成的最终目的。只有在明确的政策框架构建目标下,才能够在具有针对性、合理性与可行性的视角下,查找、对比、遴选和构建符合组织实践现实情况和实证分析结果的政策框架。

本研究中政策框架构建的首要目标是完善跨域信息资源开放共享的政策体系。在本研究中对于跨域生态环境协同治理信息资源开放共享政策框架的构建并非处在从零到一、从无到有的政策背景下,而是建立在现阶段已有开放共享的政策体系基础上的。因此,从本研究的 TOE 多理论融合框架角度出发,通过构建具有科学性、适切性和整体性的政策框架,能够有效地将现有的部分对开放共享目标实现推动作用有限的政策串联起来。由此,建立一套能够对当前跨域信息资源开放共享政策体系起到完善优化作用的政策框架,对于促进政策体系的科学化、完备化与合理化具有积极的意义。

同时,有力推动跨域信息资源开放共享目标的实现也是框架构建的目标之一。随着我国跨域开放共享在大数据技术革命浪潮中的兴起以及国内信息资源开放共享平台的飞速发展,基于信息资源的开放共享应用已成为我国在新时期加速提升国家实力和核心竞争力的重要途径。因此,以“十一五”到“十三五”时期我国在开放共享目标实现过程中的成果为基础,以“十四五”时期我国各级各域提出的各项有关开放共享的发展规划要求为核心,通过建立起符合现阶段开放共享各项发展规划要求的政策框架,并以推动全国及各地区跨域生态环境信息资源开放共享各项子目标和总目标的实现,无疑也是本研究中构建政策框架的重要目标之一。

不仅如此,有效弥合当前实证研究中发现的问题也需要作为一个重要的构建目标。本研究使用了多种数据分析与实证研究方法,尤其是对各项指标间的对比分析、可视化分析以及所构建的以全国31个省(市、区)以及以沿黄河九省(区)为对象的基于DEMATEL-AISM联用方法的多级递阶结构模型,都揭示出了在现阶段的跨域生态环境协同治理信息资源开放共享机制中存在着诸如投入-收益矛盾、治理内外部压力失衡、供需对接粗放、跨域协同困难以及内生动力不足等问题。因此,本研究另一个关键目标就是通过构建有效的政策框架,从研究的分析框架出发,进而有效弥合在本研究中与对应组织实践实际情况下所发现的各项跨域开放共享的问题与困境。

(2) 政策框架构建的原则

① 问题导向原则

政策框架构建与完善优化的动机首先是源于在开放共享组织实践中所存在的具体问题,尤其是本研究中通过实证分析与规范分析相结合的方式,从实证结果联系现实情况分析得出了一系列关于我国跨域生态环境协同治理信息资源开放共享组织实践当中存在的困境与问题。当运行机制中的各类问题被加以发掘、明确和归纳后,有针对性地根据现实的政策需求而构建的政策框架才更具有必要性与实践意义。从研究当前的实证结果来看,我国跨域信息资源开放共享在目标准备、目标实现、结果输出和目标评审方面存在问题。因此本章政策框架的构建应该始终坚持以问题为导向的现实治理需求展开,有针对性地设计、规划与制订具有适切性的政策框架方案。

② 连续性原则

从公共管理的视角来看,包括跨域信息资源开放共享在内的所有政策体系的形成与完备都不是一步到位的。从"十一五"时期开始,经历了"十二五""十三五",再到当前的"十四五"时期,我国关于跨域信息资源开放共享的政策框架在各个发展阶段都根据当阶段的发展需求、时代特点和战略目标进行了扩充、完善、优化与调整。而结合实证分析结果与现阶段的发展特征来看,我国还需要进一步地在多元协同合作、跨域协作准备、供需主体对接和内外压力平衡等方面完善相关的政策内容。此外,在设计制定公共政策的过程中,还应该保持政策的相对稳定性,应以现阶段的政策成果为基础,以客观、科学、连续的应对方式,对我国的跨域生态环境协同治理信息资源开放共享政策框架进行改善优化。

③ 全面性原则

政策框架的有效实施,预期治理成果的高效兑现,有赖于在政策框架能够全面有效地应对跨域生态环境协同治理信息资源开放共享中各个关键影响因素所面临的挑战与问题,其目的更在于以客观、全面、综合与合理的角度高效调动在整体开放共享体系中各个省级行政区在生态环境协同治理信息资源开放共享组织实践中的各类资源和参与主体的治理能力,充分激发地区与全局的治理潜力,加速催化多领域应用的数字红利。其中能够有效应对关于跨域、生态环境协同治理信息资源、开放共享三大要素指标的策略,并且能够综合考虑经济、技术、社会和生态环境等多方面变量的覆盖面的层面与领域,应该被尽可能地纳入本研究所构建的政策框架汇总,以通过坚持政策框架全面性的原则,保障跨域生态环境协同治理信息资源开放共享各项子目标和总目标的有效实现。

7.1.2 政策框架的构成要素

从系统科学与公共管理学视角来看,治理领域所匹配的政策框架涉及、涵盖诸多要素,因此,明确政策框架的构成要素,是构建能够满足治理需要与发展目标的政策框架的重要步骤。由此,本研究结合上文实证分析结果与定性分析内容,通过继续引入本研究所构建指标体系中的 14 个能够有效反映跨域生态环境协同治理信息资源开放共享机制中影响因素的关键指标,作为本部分政策框架的构成要素与要素构建依据。具体来讲,本部分研究中,政策框架所包含的构成要素有来自 TOE 多理论融合框架中技术因素指标层的信息基础设施水平、信息技术创新能力和数字政务应用能力。组织因素指标层的管理机构参与成效、公共政策支撑水平、信息科技人才实力、开放共享准备水平、省级平台建设水平、信息资源质量水平、信息资源利用成效和环境数据开放。环境因素指标层的数字经济发展水平、生态环境治理成效和府际治理压力水平。作为构成要素的各项指标及其编码与释义见表 7.1。

表7.1 政策框架的构成要素的指标说明

因素层	指标(构成要素)	编码	指标释义
技术因素	信息基础设施水平	T1	省级区域内信息基础设施就绪程度
	信息技术创新能力	T2	省级区域内信息技术发展创新能力
	数字政务应用能力	T3	省级区域内线上政务服务应用能力
组织因素	管理机构参与成效	O1	省级区域内大数据管理机构建设成效
	公共政策支撑水平	O2	地方政府对于发展数字化信息化应用的政策支撑水平
	信息科技人才实力	O3	省级区域内开放共享人才保障能力
	开放共享准备水平	O4	省级区域内开放共享建设准备程度
	省级平台建设水平	O5	数据开放平台中数据获取、利用、反馈等建设水平
	信息资源质量水平	O6	数据开放平台内数据集数量、质量、范围和规范
	信息资源利用成效	O7	数据开放平台交付后共享开放成效
	环境数据开放成效	O8	省级区域内公共数据平台环境数据开放共享成效
环境因素	数字经济发展水平	E1	省级区域内由信息技术革新驱动的数字经济的增长
	生态环境治理成效	E2	省级区域内生态环境状况的治理成效
	府际治理压力水平	E3	来自省级区域相邻行政区开放共享治理成效的压力

7.1.3 政策框架的构建:基于实证分析结果

在政策框架的设计、规划与构建过程中,各要素间的因果关系、影响效应与关联程度都是重要的参考依据,只有贴近现实组织情况的、能够有效解决当前治理症结的政策框架设计才具有一定的实践应用意义。因此,在结合本研究先前的可视化数据分析与使用 DEMATEL-AISM 法构建的跨域开放共享多级递阶结构模型等实证与定性分析结果所构建的跨域生态环境协同治理信息资源开放共享机制的基础上,政策框架的构建应该聚焦在信息资源标准规范、开放共享协同协作、信息资源组织管理、绩效考核评审问责和信息资源安全保障的政策中。

(1) 信息资源标准规范政策

跨域信息资源开放共享的标准是整个跨域生态环境协同治理信息资源开放共享目标实现行动中的关键要素和政策框架的核心之一。在开放共享准备阶段中,所制定的开放共享信息资源标准能够影响到后续一系列治理行为的规划与落实;在开放共享成果产出阶段中,开放共享的信息资源标准能够决定最终目标实现的成效与结果;而在开放共享的考核评审过程中,开放共享的信息资源标准又成为评判目标实现程度的重要参考。因此,适切、明确、全面、合理的信息资源标准政策能够有效提升信息资源供给的水准与质量,提升信息资源供给与需求的匹配度,催化信息资源在数字红利层中的释放效率,形成以统一标准为引导多元主体间的跨域治理共识,以及高效推动多元参与主体在信息资源供需两侧的行动动力。由此,本研究在构建关于信息资源标准规范政策的具体内容方面建议如下:

① 信息资源质量标准政策。信息资源质量标准政策是整个政策框架的关键点之一。信息资源的质量直接影响着信息资源的价值,并能够进一步地对信息资源的需求意愿和利用效率产生极为关键的影响。尽管当前我国大部分省(区)出台了一些对开放共享信息资源质量提出要求的政策,但是仍缺乏相对具体、明确的信息资源质量标准。而当前对于质量标准划定过于模糊的政策往往导致不同主体对于信息资源的质量底线产生了极为显著的理解差异,进而对开放共享的后续行动产生了不可忽视的负面影响。因此,从大数据与数据分析的专业角度来看,将信息资源中的结构性数据与非结构性数据综合纳入考量,明确信息资源质量标准的政策内容,应该重点从信息资源的八大维度出发,对跨域开放共享的信息资源提出质量标准与内容规范。

从质量标准的前四个维度上来说,一是应该对信息资源的精确性(Accuracy)给出因地制宜的具体标准。信息资源的精确性标准主要考察的是信息资源的观测值/采集值与实际值之间的接近程度,即误差程度,而信息资源的误差往往是由采集方法与协同程度决定的。二是应该对信息资源的准确性(Precision)给出符合各领域实践规律的具体标准。精确性标准指的是对同一非运动的对象在重复测量时所得到的各次数据间的接近程度,精确性与信息资源采集的精度有关,精度越高,对于信息资源采集的粒度要求越细,同样对于误差的容忍度越低。三是应该对信息资源的真实性(Rightness)制定明确详细的标准规范。真实性考察的是信息资源的可控程度,即可追溯性,当信息资源的采集过程难以追溯时,则在数据处理过程中,对信息资源造假的可行性越大。四是需要对信息资源的及时性(In-time)给出符合地区各部门运行核算需求的标准规范。信息资源在采集—处理—核算—开放共享过程中的及时性能够对信息资源的需求方产生极大的影响,过低的及时性往往会导致信息资源的需求主体难以及时作出符合当前信息资源状态的各项决策,如果需求主体为其他领域政府部门或管理机构的情况下,过低的及时性会进一步影响跨域协同治理的成果与成效。

　　而信息资源质量标准政策需要关注的后四个维度分别是信息资源的即时性、完整性、全面性和关联性。第五个维度是政策需要对信息资源的即时性(Immediacy)给出符合当前技术水平的标准规范。信息资源的即时性指的是新信息资源产生的同时,即能够被采集并储存,例如对于舆情、电流、温度、人流信息资源的监测和采集便需要对信息资源的即时性作出要求。第六个维度是信息资源质量标准政策应该对信息资源的完整性(Integrity)给出基本的标准和规范。信息资源的完整性要求供给侧所提供的数据集内容是完整的,与实际产生的信息资源规模相匹配,缺乏对于该维度的政策规范将可能发生渎职行为而导致数据集残缺。第七个维度是政策还需要对信息资源的全面性(Comprehensiveness)提出管理能力限度内的标准与规范。信息资源的全面性主要指的是对于信息资源采集对象中,采集点(特征/变量)的全面性,全面性的缺失将会极大地影响到信息资源开放共享数字红利的充分释放。第八个维度是政策应该对信息资源的关联性(Relevance)提出符合组织架构和协同配合特点的规范与要求。关联性主要反映的是相关目标所采集的信息资源数据集之间应该能够从数据特征的逻辑层面相互关联,如果关注同一项目或领域的数据集之间无法形成关联,则会出现数据壁垒与信息资源孤岛情况,进而影响到协同治理的工作成效。

　　② 信息资源容量标准政策。信息资源容量标准政策主要应该对每个最终计划进行开放共享的数据集的容量(数据规模与数据及大小)制定符合现阶段开放共享平台软硬件负载能力的标准与规范。容量过小的信息资源将会极大提升需求主体的连接与下载频次,频繁的 ETL(Extract-Transform-Load,抽取—转化—加载)行为将可能导致服务器长期处于高需求并发与高负载的状态,进而还能够对其他使用开放共享网络平台的用户造成使用效率方面的负面影响。不仅如此,容量过大的信息资源数据集不但能够压缩存储空间中信息资源的丰富度,单个数据集当中的冗余信息还会对信息资源的利用主体提出极高的内存加载能力要求,进而导致数据利用效率的大幅度降低。因此结合现阶段和未来一段时间发

展趋势的数据需求特点,制定相匹配的信息资源容量标准政策也是必要且重要的。

③ 信息资源格式标准政策。开放共享平台中所提供数据集的格式能否匹配信息资源需求方的使用场景和软硬件要求是信息资源能否被充分利用的重要基础之一。因此还应制定能够规范信息资源格式标准的相关政策,以确保经过多重投入后所采集得到的可供开放共享的信息资源能够被来自不同领域、具有不同软硬件规格的信息资源需求方充分使用。一是应该对信息资源的数据文件类型格式丰富度提出相应的规范与标准,例如同一数据集应该支持至少包括 CSV、TXT、KML、JSON、RDF、RSS、SHP 或 XLS 等标准在内的使用格式。二是应该对信息资源数据库的接口格式提出具有选择性的标准,进而使来自不同行业、不同领域中使用不同数据库接口的信息资源需求利用主体具备优秀的数据易得性,例如对部分热门信息资源规定须有 ODBC、JDBC、ADO. NET 或 PDO 等类型在内的数据访问接口,特别是以 API 接口形式连接的高质量数据。三是应该对信息资源的内容类型格式制定相应的规范与标准,进而保障信息资源类型的丰富程度,例如应倡导、鼓励包括图像、视频、文本、数字、报表、文档,以及其他类型内容在内的结构化与非结构化数据信息资源的开放与共享。

(2) 开放共享协同协作政策

在多元参与主体和多并发条件的治理环境中,开放共享的协同则涵盖了包括对于组织、人员、资金、行动、共识多重多类跨域开放共享治理资源间的协同合作。在开放共享的准备阶段中,高效无间的开放共享协作有利于制定出能够平衡多元主体间和不同领域间利益的行动方案与发展目标;在开放共享的目标实现过程中,同心共行的开放共享协同行动能够使目标实现的行动方案与发展规划在紧密互通的配合下全速推进;在开放共享的成果产出阶段,紧密合作的开放共享多元参与主体协同能够保障预设目标在全流程可控的状态下高质量实现。因此,协调、平衡、有序、共赢的开放共享协同政策能够有效打通不同机构、组织和个人间的协作壁垒,加强信息资源供给与需求方的互信合作力度,弥合多元参与主体间内生异质性,提升不同领域和部门间开放共享协作的行动契合度,巩固开放共享全流程的政策稳定性。由此,本研究在关于开放共享协同协作政策的具体内容方面建议如下：

① 跨域信息资源协同组织领导政策。在包含生态环境治理的组织实践中，跨域生态环境协同治理信息资源开放共享所区别于域内信息资源开放共享的最大特征就是多元参与主体间关系、利益与工作方式方法的复杂性。因此，面向跨域生态环境协同治理信息资源开放共享政策框架的构建必须包含有能够明确领导机构与领导职责的相关政策。由此，跨域信息资源协同组织领导政策一是要明确地在政策中体现出从中央到地方各级关键管理机构及其负责人对于跨域信息资源开放共享长期发展和目标实现的支持与承诺，明确和巩固对于开放共享战略目标实现的坚定信念和投入理念。二是跨域信息资源协同组织领导政策应该依次建立从中央到地方与各级行政区相对应的负责领导、统筹、协调、管理信息资源开放共享的专项主管部门，通过建立符合当前发展特征的组织结构，由该组织牵头执行经过讨论确定的开放共享目标实现方案，以有效保障开放共享总目标和各项子目标的足额实现。

② 跨域信息资源开放共享协同协作政策。明确了建立以专项领导为基础的组织领导政策后，还应出台相应的跨域信息资源开放共享协同协作政策以支撑、指导有关单位在协同协作工作中的决策与行动。政策应该对不同类型的合作关系制定相对应的协同协作政策，具体应包括政府内部的协同协作（Government to Government）、政府与私营部门间的协同协作（Government to Business）以及政府与个人间的协同协作（Government to Citizen）三大类不同协同治理关系在合作领域的指导政策，并以此为基础平衡多元参与主体间的政绩压力、利益压力和行动压力，进而确保跨域信息资源开放共享机制能够长期高效运行。并且通过专项领导部门在目标实现过程中的绩效反馈落实监督和指导，多元参与主体通过组织高层之间在开放共享目标和内容等方面达成共识，进行自上而下的协同合作，依据目标管理建立的信息资源开放共享目标体系和以目标责任为基础建立的目标锁链，可以有效规范各级治理主体在信息资源开放共享中的行为，确保开放共享目标的实现。

③ 跨域信息资源开放共享资源投入政策。跨域信息资源开放共享资源投入政策是保障跨域协同治理信息资源开放共享领导单位与多元协同主体按计划完成发展目标的重要政策之一。制定该项政策时，应该从跨域信息资源开放共享

的资金资源投入、人力资源投入两大角度出发,通过制定能够充分支撑跨域信息资源开放共享需求的资源投入政策,保障目标和成果产出的有力实现。在资金资源投入方面,应从开源和节流两方面入手,以开源为前提,构建能够产生正向效应的信息资源开放共享资金收益与财政收入模式,并以削减冗余模块和功能的节流手段,确保来自各领域投资的开放共享机制能够在合理的投入规则下以高质量可持续的状态平稳运行。在人力资源投入方面,应在具体的政策内容中制定科学有效的人力资源管理办法,从人才选用到岗位评估、从人才引进到人才培养,跨域信息资源开放共享资源投入政策在人力资源投入的层面应始终坚持以提升全领域的数字化、信息化技能水平为原则,通过提高公务员队伍、私营部门协同合作单位以及公民个人现代化技能素养,确保跨域生态环境协同治理信息资源开放共享目标的有力实现。

(3)信息资源组织管理政策

从大数据管理以及信息化管理的角度出发,尤其是对于跨域协同治理信息资源的管理政策应该包括对于信息资源整个生命周期与流通流程各个环节的管理内容。在开放共享的准备环节,科学、可行的信息资源管理政策有助于引导不同背景与专业的参与主体妥善完成信息资源的采集与创建;在开放共享的目标实现过程中,明确、清晰信息资源管理政策能够规范信息资源开放共享供给侧对于数据预处理和信息资源组织的各项行动;在开放共享的成果产出阶段,统一、透明的信息资源管理政策能够有效保障信息资源的供给方、平台方在信息资源保存、开放共享的成果质量。因此,通过制定符合我国发展现状与多元参与主体间运行特点的信息资源管理政策,能够有效打通信息资源供需两端的开放共享渠道;加强信息资源供需双方间的合作引力,延长信息资源在多主体间的利用周期,增强信息资源在多平台多渠道间的利用效率,消除信息资源在互通互联过程中的流通阻力。由此,本研究在关于信息资源组织管理政策的具体内容方面建议如下:

① 信息资源采集与建档政策。在信息资源的开放过程中,信息资源的采集和建档属于整个跨域开放共享生命周期的起始阶段,也是日后所有开放共享成果兑现的前期基础,因此,信息资源在采集与建档环节的产出质量则显得愈加重

要。信息资源采集与建档政策应该包含具有普适性和兼容性的信息资源采集标准行动流程,以及采集后建立信息资源档案并上传至专属数据库中的规范操作流程,应包括信息资源的采集原则、信息资源的采集标准、信息资源的采集流程、信息资源的源头追溯、信息资源的数据概况、信息资源的数据资产清单等具体政策规范。此外在具有普适性和兼容性的基础上,该政策还应预留出合理的调整空间和行动授权,确保在不同发展背景与不同需求特点下的地区与单位能够通过对政策进行本地化优化,进而保障各地在有明确政策规范行动的情况下,还能够因地制宜地完善信息资源采集与建档工作。该政策还应明确对于不同类型合作关系的行动规范,具体应包括政府内部、政府与私营部门间以及政府与个人间的信息资源采集和建档政策规范,以确保不同技术水平、专业背景和行业领域的多元参与主体能够有效地参与进跨域协同治理信息资源开放共享的目标实现与价值共创行动当中。

② 信息资源处理与组织政策。信息资源在完成原始状态的采集和建档后,并不一定符合跨域信息资源开放共享标准以及利用分析要求。因此,在政策框架的信息资源组织管理政策中还应包含信息资源的处理与组织政策。信息资源处理政策的主要内容应该包括对于已采集信息资源按照涉密等级或其他分级办法进行数据清洗和数据预处理的分类管理,具体包括对于无关、冗余、错误和缺省数据的清洗以及对于涉及隐私、涉密或需要进行分级的信息资源进行拆分和模糊化处理等办法。而信息资源的组织政策主要应该包括构建信息资源界面的国家标准(例如数据描述、格式列表、修订准则等)、构建公共数据与内部数据的编目与维护方式方法、建立健全信息资源开放共享阶段前支持数据互通互联互操的信息资源管理系统。最终通过流程明确、标准清晰、规范合理的信息资源处理与组织政策,打造高效稳定的信息资源处理与组织体系,并最终为跨域信息资源开放共享总目标和子目标的实现赋能。

③ 信息资源上传与存储政策。当原始的信息资源完成了处理和组织后,则需要对预备开放共享的信息资源上传并储存在符合政策与规定的公共数据库中,以进行长期、妥善、可持续利用的保存与调用。因此,为保证信息资源的易得性与易用性,在信息资源上传与储存政策中,需要对信息资源数据库建设的各项技术标准和使用标准提出相应的政策与规范。此外,还应对信息资源上传单位

的背景资质和专业技能提出按照政府、企业和个人相对应的要求与认证,以保证数据库运行的安全和数据库内容的规范性。不仅如此,信息资源上传与存储政策还应该对信息资源的存储维护行动提出符合跨域协同治理需求的明确规范,例如有关领导机构需要对数据库运维过程中信息资源内容的认证、格式的转换、期限的授权,以及对于信息资源数据集的扩充、删除以及撤销等版本变更提出明确的行动准则和技术参数标准,进而确保信息资源的数据库能够满足多元参与主体进行开放共享、价值共创和释放数字红利的动机与需求。

④ 信息资源开放与共享政策。通过价值共创与协同治理形成的公共信息资源是能够激发全社会数字红利充分释放的重要国家资产,在当前,我国多个地方政府已经制定了一部分关于信息资源公开、发布的指导政策,但是对于信息资源开放与共享的具体性政策仍不完善。因此在未来阶段的跨域信息资源开放共享的目标准备和目标实现过程中,还应该制定详细可行的信息资源开放与共享政策。具体来说,在信息资源开放政策中,应在现有政策框架和发展现状的基础上,进一步明确信息资源开放的各项原则与标准,其中包括明确信息资源可供开放的触发原则、明确对于可供开放信息资源的基础要求、确定评判信息资源能否开放的评估体系,以及优化完善由多元参与主体共同参与开放的行动准则。而在信息资源的共享政策方面,政策内容应该根据信息资源分级分类的前提,明确共享主体、共享渠道、对接方式、共享规模和共享范围,确保所有可供开放的信息资源能够精准对接共享主体,并能够有效推动信息资源需求方积极有序地与信息资源供给侧建立互信共赢的长效协同合作关系。

⑤ 信息资源获取与利用政策。信息资源在开放和共享后,只有能够被信息资源的需求主体接触和获取后,才能够发挥其内在的数字价值。因此,信息资源获取与利用政策应该尽可能地保证已开放共享的信息资源在需求侧的易得性与易用性,通过明确信息资源供需双方的责任和权利,保障数字红利的充分释放。在信息资源获取政策的细节中,政策应明确相关需求主题对于信息资源获取的申请流程与资质,进一步建立健全信息资源开放共享获取利用的相关法律。不仅如此,还应在政策框架中补充完善建立各省、市级行政区信息资源开放共享平台标准的相关政策,通过明确可行的政策内容,确保信息资源能够在保障数据安全的情况下以尽可能低的门槛与成本为全社会所用。而在信息资源的利用政策

中,应明确信息资源的用途、用法以及适用范围等明确规范,通过加强公共信息资源版权归属、分级分类明确信息资源利用条件,以公开发布跨域信息资源开放共享获取与利用指导书的方式,鼓励全社会多元参与主体对信息资源获取与利用的行为,以降低门槛、互联互通和提升内驱力的各项政策,积极推动全社会在信息资源获取与利用层面各项目标的实现。

（4）绩效考核评审问责政策

从目标管理理论和协同治理理论的视角来看,构建符合我国各个地区不同发展阶段状态的跨域生态环境协同治理信息资源开放共享机制的绩效评审问责政策,明确跨域协同治理开放共享组织实践中的责任主体、问责环节、责任界定、外部监督等相关要点,能够对我国开放共享战略的最终实现起到重要的推动作用。在目标准备阶段,清晰明确的主体责任界定能够使以主要领导部门为首的多元治理主体制订出领域全面、科学可行的目标实施方案;在目标实现阶段,适度的外部监督、规律的阶段考核能够倒逼参与开放共享建设的各个组织单位形成持续的行动动力与协同引力;在目标评审阶段,有效、全面的评审问责规则能够从全局到细节地厘清总目标与各项子目标的实现情况。因此,一套全面、科学的绩效评审问责政策能够有效打破由利益和压力失衡带来的治理壁垒,推动从投入到收益环节全流程的目标实现,消除由权责边界不清晰、问责方式不明确所带来的机会主义现象等各项问题。由此,本研究在关于绩效考核评审问责政策的具体内容方面建议如下:

① 跨域信息资源开放共享政绩考核政策。首先,在政绩考核政策中,应明确将包括生态环境协同治理在内的跨域信息资源开放共享绩效纳入区域内各地方政府的政绩考核体系中。通过制定科学、全面、可行、客观、有效的绩效考核方法与标准,将各级开放共享主管部门和协同单位相关负责人的政治前途挂钩,打破属地责任的界限,切实扩大协同治理关键组织部门的责任范围。其次,该政策还应单独制定针对跨域生态环境协同治理信息资源开放共享绩效问责的评价指标体系,并以该指标体系为依据对跨域整体生态治理绩效目标的实现程度进行科学评价,同时从跨域的角度出发将各领域对总目标和子目标实现的贡献度进行统一排名。最后,以跨域信息资源协同组织领导部门为主导,统一组织实施对各

行政区政府的跨域信息资源开放共享绩效评价,同时加强第三方专业评估机制以及社会评议机制建设的具体政策,综合考虑多元评估主体的意见,增强包括生态环境协同治理在内的跨域信息资源开放共享绩效评价的科学性和民主性。

② 跨域信息资源开放共享监督评估政策。跨域信息资源开放共享行动的监测评估是实施绩效考评的关键依据,因此建立覆盖跨域信息资源开放共享行动监测评估网络便是对多跨域开放共享协同治理多元参与主体在信息资源开放共享绩效进行统一评估的重要前提。首先,与现阶段的监督评估政策相比,新形势下的跨域信息资源开放共享监督评估政策应适当收紧各级参与主体的监测管理权限。由跨域信息资源协同组织领导部门建立统一的跨域信息资源开放共享行动监测评估小组,以专项对接跨域协同治理多元参与主体的方式,最大限度地避免各参与主体在绩效考核层面上的数据造假行为,并切实推进信息资源的开放共享程度。其次,还应制定大力推进跨域信息资源开放共享行动监督评估方法的技术层创新,鼓励各级跨域信息资源协同组织领导部门间加强监督评估的技术合作,并制定完善专门的符合跨域信息资源开放共享特点的标准与规范,确保监督评估的科学性和规范性。最后,应逐步统一跨域信息资源开放共享的监督评估标准,有效实现对全国和地区范围内的开放共享各项行动的统一监测。

(5) 信息资源安全保障政策

在大数据与公共信息安全领域,包括图像、数据、文本等各类形式在内的信息资源安全与隐私保障,一直以来都是开放共享与数据流动互通的关键前提,任何暴露在风险下的缺乏保障的信息资源流动,都将有可能引发巨大的数据灾难与次生灾害,进而引发严重的社会风险与治理危机。在目标准备阶段,可行可靠的信息资源安全保障预案有助于信息资源开放共享程度、范围和规模的前期界定;在目标实现阶段,坚实完备的信息资源安全隐私保障政策能够使信息资源供给与需求双方在安全的环境下完成数据的 ETL(抽取—转化—加载)工作;在成果产出的过程中,强有力的安全隐私保障政策有助于打造一个安全稳定的信息资源开放共享平台与数据仓库。因此,可靠、有力的信息资源安全隐私保障政策有助于消除供给侧对于数据安全隐患的担忧,进而激发信息资源供给的源动力;

保障跨域信息资源开放共享平台软硬件的安全状态,确保开放共享各项合规行动高效完成;提高地区信息安全领域行动效率、增强信息安全人才队伍应对处理能力。由此,本研究在关于信息资源安全保障政策的具体内容方面,建议如下:

① 开放共享网络安全政策。跨域信息资源开放共享的平台和数据库由于存储和流通着大量高价值的公共信息资源,因此保护跨域开放共享平台网络系统软硬件与系统中的信息资源安全则在未来的发展中愈发重要。因此,开放共享网络安全政策应针对跨域信息资源开放共享网络系统建立 7×24 小时全天候的入侵监测管理办法,提出可迭代的开放共享工作站、服务器、交换机等设备软硬件的漏洞排查标准与管理规范,推动建设能够防范信息资源开放共享遭受中断、截获、修改和伪造攻击的防范体系,进而从网络安全的角度保障跨域信息资源开放共享的各项行动能够在安全的环境下实施与部署。

② 信息资源分级分类政策。随着跨域信息资源开放共享规模和范围在近年来的逐步扩大,来自不同领域、不同专业和不同参与主体的信息资源总量及其内容也愈发丰富。因此,为保证信息资源在跨域开放共享的过程中能够有效对接和匹配开放共享需求主体的层级与资质,保障具有保密需要的信息资源不被泄露或滥用,建立健全信息资源分级分类政策的急迫性也在不断提升。因此在信息资源分级分类政策中,应该明确信息资源按照内容、主体、领域和专业为依据的分类办法,并在信息资源分类的基础上,进一步按照信息资源的敏感性与保护需求,制定针对信息资源的分级使用与管理办法,以明确使用类型和级别的方式,确保价值极为重要的信息资源能够在既定的领域中进行可控可溯开放共享。

③ 开放共享隐私保护政策。来自多元信息资源供给主体所提供的各类信息资源常常存在着暴露政府、企业与公民隐私的潜在风险,而隐私的泄露将极大地影响到信息资源跨域开放共享供给侧的行动动力与协作意愿。因此为保障各类隐私不会在信息资源的开放共享行动中被泄露,应制定全面可靠的开放共享隐私保护政策。其具体内容应包括:建立具有专业水准的信息资源隐私管理与保护机构、制定高效可行的信息资源内容脱敏规范与标准、建立健全信息资源开放共享参与主体身份认证与授权体系、完善优化信息资源隐私保护协议相关保护机制。

7.2 跨域生态环境协同治理信息资源开放共享机制运行的路径设计

7.2.1 跨域生态环境协同治理信息资源开放共享机制运行的基本路径设计

（1）技术因素层的基本路径设计

一是促进形成全国 31 个省级行政区间的信息技术提升的长效机制。建立全国 31 个省级行政区间的信息技术提升的长效机制是促进全国跨域生态环境协同治理信息资源开放共享机制取得实质性成果的必要条件。首先，各行政区应建立信息技术提升改进的常设机构，专门负责信息技术提升工作的推进与监督，全面承接原有临时小组、督察督办等临时性机构的职能，将域内信息技术水平提升工作作为一项常态化的重要任务来抓。其次，要增强全国 31 个省级行政区内部跨域生态环协同治理信息技术提升的协同性。各行政主体要互相交流经验与不足，通过对比分析找出自身信息技术水平的薄弱之处，循因而动，采取相关措施对存在的问题进行整改。最后，要灵活调整与生态保护相关的信息技术水平提升目标，在科学分析与研判的基础上制订能够赋能生态环境协同治理的信息技术水平改进计划方案，具体要求是既要与整体目标相一致还要与其他行政主体的信息技术水平提升计划相协调，然后开启新一轮的目标执行，为协同治理信息技术水平改进取得实质性成效提供有力保障。

二是适当加大政府技术投入，优化平台建设与服务。政府数据开放平台是环境数据有效利用的重要载体，其建立健全与完善，离不开政府的技术支持。现阶段，大部分地区的政府数据开放平台建设不完善，个别地方的数据平台与政府网站共用，链接失效和功能不健全，技术投入远不能满足平台建设和用户利用的需求。当前，京津冀、汾渭平原和长三角地区应加快补充建设政府数据开放平台，而对于已经建立政府数据开放平台的省市来说，应适当加大政府的平台建设技术支出，为政府数据开放平台的建设提供技术支持，保障平台链接的持久有效、数据获取的便捷度和优质应用的开发。通过对公众浏览数据的实时捕获与测量，预测和深入分析用户的兴趣、特征以及需求，主动进行智能推送和引导，从而提升政府数据开放平台及其环境数据的高效利用。此外，要发挥个别省市的带头作用，相互学习和借鉴经验，通过完善互动交流、意见反馈和数据纠错等功能作用,不断优化黄河流域内跨域信息资源开放共享服务。

(2) 组织因素层的基本路径设计

一是健全平台建设和数据利用有关的法律法规,强化政策保障。各个地区政府数据开放平台上环境数据的高效协同利用需要法律法规的正确规范和引导。由于政府数据开放平台上的环境数据是由专门的环境管理部门搜集、产生,这就使得各个地区的环境数据集在内容、形式和来源等方面存在差异。个别地方的环境数据集与资源、城乡建设等数据相融合,可能会导致数据利用者在环境数据的搜集和利用上出现混乱。此外,京津冀、长三角和汾渭平原个别地方政府数据开放平台建设缓慢,对此中央政府应该加强立法,完善法律体系,从法律层面要求各省市逐步建立起统一性的政府数据开放平台,加快各地区平台建设的步伐。各地方政府也应该响应中央号召,逐渐完善和细化具体的政策规范和政策措施,规范环境数据集名称和分类,引导环境数据利用者合理利用,从而为环境数据的开放利用提供有效的政策指导。总之,从中央政府到各个地区的省市政府,都应该建立起一整套完善的政策保障体系。

二是完善环境数据开放标准,提升环境数据利用的质量。环境数据得到有效利用的前提是政府数据开放平台上环境数据获取的开放性、便利性和可行性。目前京津冀、长三角、珠三角和汾渭平原个别省市并无数据开放授权协议,而对于各省市政府数据开放平台上已有的授权协议来说,存在内容简短、不全面、用词模糊且环境类数据集也存在形式各异、标准不统一等问题,环境数据集的内容、开放程度与开放标准在很大程度上也影响着环境数据利用的质量和数据利用者之间的协同程度。因此,为实现环境数据的开放利用价值,就需要在开放格式、开放许可协议等方面确保质量,提升环境数据利用的可行性。现阶段,可以推动建立政府数据开放利用授权机制,为环境数据及其他数据集匹配相应的开放政府许可协议,规范环境数据的开放标准,提高环境数据的开放利用水平。

三是鼓励数据应用多样化,提高环境数据应用成果转化率。在政府数据开放利用过程中,加速环境类应用成果的转化对生态治理至关重要。当前,各地区政府数据开放平台上环境数据开发利用不足,在数据提供和数据利用上存在落差,环境类应用成果产出较少,且形式单一。应用多样化不仅包括数据利用者类型的多样化,还包括应用成果及其形式的多样化和创新化。当前,应扩大数据利用者的范围,引导多种类型的数据利用者参与其中,允许企业、民众、高校、科研机构等用户表达需求,尤其是加强广大民众的创新意识和环保意识,使人们能够多样化地利用环境数据,并在现有环境数据开放和利用的基础上,实现环境类数据应用成果的加速转化。京津冀等各区域及各省市政府还可以通过宣传引导、采用多样化的激励措施,以及政企合作示范等举措,最大限度地调动数据利用者的积极性和主动性,实现应用成果的多样化和真正投入使用。

四是防范环境数据安全风险,注重开放利用结果反馈与绩效考核。环境数据安全是实现环境数据共享、使用和可持续发展的重要前提。目前,绝大部分政府都未发布网站年度工作报告对数据安全问题进行总结和评估。尤其是汾渭平原地区,并未建立评估制度,也未对政府数据开放平台建设效果和数据安全问题的考评予以重视。因此,已建立政府数据开放平台的相关省市政府应补充和完善网站年度工作报告,同时加强数据的安全评估和检测,防范环境数据安全风险。针对一般的环境数据,政府可以给予较少的平台限制,而对于重要的环境数据,政府则可以要求利用者提供更多的身份认证信息,对数据利用者进行限制,实现数据安全与数据使用之间的动态平衡。同时,要注重数据利用者的反馈意见对防范数据安全和进一步提升环境数据利用所起的重要作用。综上所述,本研究的创新意义在于通过技术-组织-环境理论和目标管理理论构建了有效的分析框架和指标体系,详尽地描绘了政府数据开放平台上环境数据开放利用的因果关系链,从而保障了评价指标的科学合理性。

(3)环境因素层的基本路径设计

一是切实保障跨域政府的治理进度协同推进环境。在沿黄河九省(区)在落实执行具有区域一致性发展目标的共识框架下,沿黄河九省(区)各地方政府共同承担着对跨域整体性目标的治理责任,作为一个责任共同体,跨域各地方政府理应在治理进度的协同推进环节保持步调上的基本一致。切实改善跨域政府在共同目标上的治理进度协同反馈环境,应做好以下几个方面工作:首先,应加强跨域生态环境和开放共享建设层面中信息资源强制公开共享的制度建设。既要统一公开区域内各地方的宏观环境信息,也要公开区域内各项支撑技术水平的发展情况,同时还应公开对各行政区政府主体的绩效问责信息,确保在共识下跨域协同治理过程的公开、透明。其次,应建立跨域统一的治理进度协同反馈回应平台,使跨域各地方政府能够真正以一个责任共同体的身份面向社会公众,实施整体性回应。最后,制定跨域结合生态环境和开放共享协同治理绩效问责量化办法,通过统一量责标准,明确列举各类问责情形,严格规定责任追究措施,在此基础上着重提升对各行政区治理进度协同推进的力度。

二是增强跨域政府宏观环境下的互助共赢意识。增强跨域政府宏观环境下的互助共赢意识,既是沿黄河九省(区)跨域生态环境协同治理信息资源开放共享建设的内在需求,也是提高跨域政府的治理进度协同推进能力的必然结果。当下,跨域各责任主体之间的协同共赢意识亟待增强,对此要转变政府理念,增强协同共赢意识,主动搭建能够有效促进协同共赢的平台和渠道。此外,跨域生态环境协同治理绩效问责能否实现有效性,很大程度上依赖于目标实现过程中各项工作进度的公开和共享。要让跨域政府把协同共赢当成一种习惯,主动地、不定期地通过网络、政务微博、微信公众号等新媒体手段公开交流和分享信息,以确保信息共享能增强协同治理互助共赢的有效性。总之,应增强跨域政府宏观环境下的互助共赢意识,并使之在跨域各地方政府头脑中生根发芽,以使协同治理绩效问责制度和法律的不充分性得到弥补。

7.2.2　沿黄河九省(区)跨域生态环境协同治理信息资源开放共享机制运行的具体路径设计

从实验室决策-对抗解释结构法联用模型得到的实证结果分析情况来看,在跨域生态环境协同治理信息资源开放共享机制实现路径规划中,相关主管部门和参与主体首先应该根据《"十四五"国家信息化规划》中提出的相关要求,将治理理念向数字化、现代化和智慧化的方向转变,把多元治理主体间的"循数"协作作为协同治理的核心思路之一,通过汇聚政务大数据,打造高效能的智慧政务。此外,应通过提升省域内治理效率,加快政府智慧化与政府服务信息化,实现大数据的精细化管理,加速智能化服务建设。其次,在治理方面的变革应遵循科学化原则,践行数据治理理念促进政府决策科学化,提升政策执行合理性,通过大数据驱动的决策支持系统,提升政府决策精确性。同时,在省域内治理结构上,应坚持长期、可持续、可迭代的发展优化,通过完善智能化数据监管体系,加强和创新社会监管,使开放化、扁平化的治理结构成为未来主要发展趋势。不仅如此,在治理模式方面,相关组织管理部门应展开针对治理模式的多元化创新,逐步建立健全从一元管制到多元协同治理机制,构建府际工作与任务目标协同联动、考核机制,提升数据信息开放共享效用。从目标管理视域来看,实施生态环境协同治理信息资源开放共享既是实现信息资源价值的现实需要,又是实现跨域生态环境治理持续向好的重要支撑。具体来讲,结合本书构建的基于 TOE 框架的多理论融合分析框架的目标管理视阈以及 DEMATEL-ASIM 连用方法构建的多级递阶结构模型结果来看,在跨域生态环境协同治理信息资源开放共享的组织实践中,相关主管部门与管理机构应该以平衡压力、消除阻力、创造引力和提升动力四个方面加以完善沿黄河九省(区)跨域治理信息资源开放共享机制运行的具体路径。

(1) 目标准备阶段平衡内外部压力:强化合作动机,实现共享共赢

首先,在进一步的目标准备过程中可以由中央政府牵头达成共享共识。黄河流域环境数据精准共享是一项复杂的系统工程,需要流域内各主体、各部门的分工协作和共同参与。共享共识的缺失会使各主体行为与目标行为产生冲突,从而阻碍精准共享的顺利实施。以水污染合作治理为例,在水污染合作治理中,由于地理位置相对固定,协作主体可通过多次合作和沟通建立信任机制,形成对水污染治理目标的共同理解,最终达成协同治理的共识,但在实际运作过程中却并非如此,水域治理边界模糊、责任划分不到位,导致主体之间缺乏对合作伙伴的投资动力,这就会使水污染治理的共识难以自发形成并达成一致,从而削弱了多主体的参与动机。因此,中央政府应积极推动黄河流域共享主体多方谈话,就环境数据共享达成共识,共同商定出环境数据精准共享的共认目标,降低共享主体因共识目标不一致而导致的失信风险。

其次,在下阶段的工作中,还应构建基于大数据的整体性政府。黄河流域生态环境的属地治理是造成"数据烟囱"和精准共享困难的主要原因,构建基于大数据的整体性政府可突破碎片化治理的困境。首先,依靠中央政府权威,统筹协调黄河流域环境数据精准共享议题,形成公认的治理目标和持续性的政策,解决

因政策冲突或不连贯而导致的各自为政的局面,从而确保黄河流域环境数据精准共享的有序性和系统性。其次,依托现有的黄河流域环境数据共享云平台,构建数据互联共享的"整体性政府",实现从碎片化治理向整体性治理迈进。在统一数据平台上,利用共享的环境数据满足自身工作需求,可以使黄河流域各主体在不打破政府原有行政职能结构划分的前提下,实现有效的业务协同,突破数字化领域的组织界限,推动数据精准共享的实施①。

（2）目标实现阶段消除协同治理阻力:营造良好协同环境,推动开放共享目标实现

首先,在消除协同治理阻力的目标下,应建立"内外兼修"的无缝隙政府,加强制度政策的持续性供给是破解黄河流域数据精准共享困境的重中之重。其次,进一步强化水利部黄河水利委员的协调权,打破横亘在纵向科层制和横向分工协作之间的体制壁垒。条块分割、主体联系松散是阻碍黄河流域环境数据精准共享的客观因素,黄委会事业单位的属性使其缺乏协调地方各级政府冲突的实际权力,这往往会造成数据共享协调不畅、沟通受阻的问题。最后,构建法律法规体系,应根据黄河流域数字化的发展程度,出台基于环境数据生命周期的法律法规,从法律层面明确环境数据精准共享的主体与客体,目标和责任及各主体之间的权力和义务,出台系列政策引导黄河流域各级政府部门实施环境数据精准共享,如实践指南、案例示范等内容,为精准共享提供政策推力。

同时,还应统筹推进环境数据精准共享。由于地理位置、经济发展水平等条件的限制,黄河流域各主体的联系较为松散,尚未形成紧密的社会网络关系和强烈的数据精准共享意愿。主体差异性过大可能会使处于"劣势"的参与主体丧失一定的话语权和自主权,降低其共享意愿,从而增加环境数据精准共享的内部阻力。此外,沿黄各省虽然均已启动"智慧黄河"项目,构建省内的数据共享平台和数据库,但普遍存在大数据技术应用欠缺的问题,对数据资源只是做了简单的统计和罗列,没有充分发挥环境数据的价值。这会破坏环境数据精准共享追求共赢的价值目标。因此,中央政府应在明确黄河流域各方差异性的基础上,统筹推

---

① 段盛华,于凤霞,关乐宁. 数据时代的政府治理创新:基于数据开放共享的视角[J]. 电子政务,2020(9):74-83.

进黄河流域环境数据精准共享,引导沿黄九省(区)成立黄河流域环境大数据联盟,为数据共享提供技术支持。

不仅如此,还应通过建立合理的监督监管机制,降低开放共享信息资源的安全隐患。数据是否真实、是否在合理的范围内使用是共享隐患存在的关键原因,大数据技术的应用可有效降低数据共享的隐患。首先,在分布式技术和共识算法技术的支持下,共享主体均可参与到共享数据库的建设中,每个最终用于共享的数据都会被分散存储,这使得共享数据具有"全网见证"的效果,且数据库中的所有数据都遵守数据库的程序设定,从而确保在保密机制的作用下不会有人对数据进行篡改,这就意味着数据的真实性和一致性得到了有效保证。其次,依托现有数据共享平台,利用区块链技术的去中心化和机器自治的特点,形成各主体的可信节点,共同组成可信的环境数据网络,将数据采集、储存、分析、共享等方面上链存证,实现对数据完整生命周期可信监管,确保数据安全。

此外,通过充分激发参与主体的治理积极性,以优化协同环境的方式消除目标实现阶段的阻力亦是下阶段工作任务的重中之重。首先,适当的行政压力可迅速推动环境数据共享行为的产生和落实,但压力过大可能会造成地方领导干部只重完成上级行政指令而忽视共享实际诉求的问题。因此,应强调上级政府引导、协调、监督等职能,出台相应的激励措施,避免行政刚性压力过大造成环境数据资源浪费和行政效率低下的问题。其次,缺乏统一的数据管理标准是黄河流域环境数据精准共享存在的重要问题之一,应根据已经出台的国家政策框架,以政府主导设计,鼓励社会广泛参与的方式制定数据标准,对数据共享的范围、形式、大小作出明确规定,并对数据格式、来源、使用方式作出统一要求。这既可以促进跨地区环境数据资源的公认,避免对同一种数据的重复调查,又可以整合业务流程打破数据孤岛的现象。最后,应通过拓宽和保障公民参与渠道、简化检举程序、建立健全回应机制等方式引导公众有序参与,积极正确引导社会舆论。

(3)结果输出阶段创造供需双方引力:构建流域价值共创平台,实现供需无缝隙对接

首先,建立由信息资源开放共享供需二元主体间的沟通协商机制,是提升信息资源供给与利用主体间合作引力的首选路径。黄河流域环境数据精准共享不

仅需要地方政府和环保部门之间的沟通协商,而且还需要打破地域、层级和行政边界的限制实现跨域主体之间的沟通交流。沟通协商是精确掌握共享各方需求的前提,是相关参与主体减少意见分歧、形成公认目标、达成共识的基础。环境数据精准共享与以往粗放型数据共享的不同之处在于,精准共享的基础是了解"用户"需求,为"用户"提供精准的、有针对性的、个性化的环境数据信息,遵循需求导向、分类实施和互动性原则。传统自上而下指向性的环境数据资源的单向流动,忽略了横向沟通协商的重要作用和基层政府的积极性。双向(横向和纵向)沟通协商机制的建立,可促使共享各方进行实时动态沟通,精准掌握各方的需求,从而避免环境数据无目的共享。

其次,在沟通协商机制的基础上,还应建立基于流域尺度的数据共享平台,进一步打通包括生态环境协同治理领域在内的信息资源供需多元主体间的价值共创渠道。开放共享平台是环境数据资源的载体,是对流域环境信息进行大数据分析,制定精准化生态保护政策,实现环境数据效用最大化的关键举措。目前,黄河流域环境数据共享平台主要以沿黄各省内部建设为主,省际环境数据共享通道尚未打开,如甘肃组织实施"黄河流域甘肃段水环境信息集成与共享系统研究"、构建黄河流域生态环境大数据平台[①],山东搭建省会经济圈(黄河流域)一体化区块链平台。环境数据共享平台林立,造成黄河流域跨域数据互动困难,使精准共享成为一纸空文。因此,中央政府应积极推动沿黄各省共同搭建一个公认的、具有权威性的、基于流域尺度的环境数据共享平台,对黄河流域生态治理所需的水纹、气象、交通、水土流失、监测、执法等信息进行分类整合,促进环境数据资源的无障碍、无阻滞流动,最终助力黄河流域生态环境治理。

(4)目标评审领域提升全流程发展动力:以大数据技术,赋能开放共享内生驱动力

首先,以构建全景式绩效评估体系的方式,保障沿黄九省(区)组织领导主体在跨域开放共享的全流程中保持充沛的绩效推进动力。绩效评估是黄河流域

---

① 甘肃省生态环境厅甘肃省生态环境厅举行 2020 年第 1 次新闻发布会[EB/OL]. (2020-02-28)[2022-04-10]. http://sthj. gansu. gov. cn/sthj/c112982/202104/44178bb61eb64633958003981db28ffa. shtml.

环境数据精准共享结果反馈阶段的重要任务之一,绩效评估的真实性和可靠性直接决定了沿黄政府参与环境数据共享的意愿和积极性,从而影响了黄河流域环境数据精准共享质量和效率。目标控制导向的绩效评估方式,过度追求目标的实现结果,缺乏对环境数据精准共享过程的动态把握,容易滋生机会主义。大数据技术的发展,使共享的环境数据具有留痕、不可篡改、可视化等特点,给评估方式带来了巨大变革。大数据技术的应用可对参与黄河流域环境数据共享的主体行为和共享信息进行整理、筛选和深度挖掘,对结构化和非结构化的共享数据进行全方位、无死角、无障碍的监测追踪,对其行为进行留痕记录并通过对数据的相关性分析,全面准确掌握共享主体的真实情况,为全景评估提供依据,这可在一定程度上弥补传统绩效评估触及不到的盲区,从而推动环境数据精准共享工作的顺利实施。

同时,建立符合沿黄河九省(区)当地发展阶段和发展需求特征的精准化利益补偿机制,亦是赋能开放共享组织内部内生驱动力的重要手段。黄河流域环境数据共享主体的差异性、过程的复杂性、结果的难测量性,环境数据多样性的多元性、标准的差异性和数据本身的特殊性,使环境数据共享主体的具体行为和实际贡献很难被精确掌握。此外,共享的环境数据作为一种区域性公共物品,具有使用的非排他性和效用的不可分割性,共享主体可能会因为地区或部门利益而出现"搭便车"等不共享或弱共享行为。因此,在收益分配公平性和精准问责难以保证的前提下,环境数据精准共享行为就很难产生。云计算和大数据技术的运用可以实现生态环境治理的数据化和轨迹全记录,这些数据相互支撑相互佐证,可精准计算出各主体在共享当中的实际贡献,并将共享主体的具体行为立体化,为利益补偿机制的确定和问责提供量化的依据。以实际贡献为依据建立的精准化补偿机制和问责机制,可在最大程度上确保收益分配的公平性和问责的公正性,实现贡献与获得的基本对称,增强主体参与精准共享的信心和积极性,确保精准共享的效果。

7.3 本章小结

在本研究分别以全国31个省(市、区)以及沿黄河九省(区)为分析对象所得到的现阶段跨域生态环境协同治理信息资源开放共享机制现状特征与困境问题的基础上,本章以问题为导向,在进一步明确了构建目标、构建原则与构成要素的前提下,构建了信息资源标准规范、开放共享协同协作、信息资源组织管理、绩效考核评审问责和信息资源安全保障五大政策及其具体内容在内的能够匹配现阶段跨域生态环境协同治理信息资源开放共享需求、特点、症结的政策框架。同时,本章结合所构建的政策框架,有针对性地结合全国 31 个省(市、区)和沿黄河九省(区)的实证分析结果,设计规划了符合各自跨域生态环境协同治理信息资源开放共享机制当前情况的具体路径。总的来说,本部分通过将前文所有研究结果与分析结论纳入考量,以全面性、整体性、适切性为出发点,通过构建跨域生态环境协同治理信息资源开放共享政策框架与具体路径的方式,为我国现阶段与下阶段在本领域的组织实践提供了实证分析与定性分析相结合的、多元理论和分析方法相融合的行动参考与理论支撑。

第8章 结论与展望

8.1 主要研究工作、结论及创新点

8.1.1 主要研究工作

本书主要围绕能够反映跨域生态环境协同治理信息资源开放共享影响因素所构建的指标体系中各项指标间的因果关系与运行机制开展研究,分别以全国31个省(市、区)和沿黄河九省(区)为对象,以跨域生态环境协同治理信息资源开放共享机制中的因果关系、运行症结、适切的政策框架与发展路径为研究问题。其后基于技术-组织-环境框架,构建了结合了目标管理、协同治理、价值共创与整体性治理理论思路的多理论融合分析框架,梳理、分析、归纳了跨域生态环境协同治理信息资源开放共享的价值功能与发展历程,并同时根据该框架构建了能够反映跨域生态环境协同治理信息资源开放共享技术影响因素、组织影响因素和环境影响因素总计14个指标的指标体系。接着以指标体系内具体的14个指标为基础,以数据可视化分析的方法,全面整理、总结了我国31个省级行政区在各个指标中的发展现状、发展特点和地域特征。

不仅如此,本研究还使用了以普通最小二乘法替代传统专家打分法的实证方法,通过构建14个指标两两之间的单向影响效应矩阵,以实验室决策法和对抗解释结构模型法(DEMATEL-AISM)联用的方法,分别构建了以全国31个省(市、区)和沿黄河九省(区)为对象的跨域生态环境协同治理信息资源开放共享多级递阶结构模型。并以该模型所构建的能够反映指标间因果关系与内在影响逻辑的跨域生态环境协同治理信息资源开放共享机制为依据,分别分析归纳了现阶段全国范围与沿黄河九省(区)在组织实践方面的机制症结与运行问题,同时使用对比分析方法总结了全国与黄河两个机制中症结与问题的特点和异同。最后结合本研究建立的跨域生态环境协同治理信息资源开放共享机制,构建了意在解决机制中症结与问题的政策框架,并分别设计规划了全国范围与沿黄河

九省(区)在跨域生态环境协同治理信息资源开放共享组织实践中的目标实现路径。

8.1.2 主要研究结论

结合本研究主要工作以及定性与定量相结合的研究结果来看,本书的主要研究结论和贡献如下:

(1)以 TOE 框架为基础的多理论融合分析框架具有很强的解释力。我国跨域生态环境协同治理信息资源开放共享的有效研究需要依托多理论视角下的综合分析框架,其中一个有效模式可以是以 TOE 框架为基础结合目标管理理论、协同治理理论、价值共创理论与整体性治理理论的多理论融合分析框架。具体来说,其中 TOE 框架是构建多理论融合分析框架的承载基础,通过将目标管理、协同治理、价值共创与整体性治理的理论思路与 TOE 框架相融合的方式,能够有效地构建可以反映出跨域生态环境协同治理信息资源开放共享组织实践中技术因素、组织因素和环境因素的指标体系。不仅如此,从本研究构建的多理论融合分析框架来看,各与之相融合的理论之间也并非完全孤立的,而是彼此之间都能够提供可靠的参考与支撑,这也进一步说明了在跨域信息资源开放共享的相关研究中,传统的单一理论分析框架存在着向多理论融合分析框架转变的可行性。

(2)跨域生态环境协同治理信息资源开放共享具有重要的价值功能。从"十一五"时期至"十四五"时期十余年间不同政策演进阶段的实际情况来看,跨域生态环境协同治理信息资源开放共享已经成为我国在跨域协同治理领域向数字化、信息化、智能化和智慧化发展的必经之路,并且在我国生态安全与经济发展中也表现出了举足轻重的地位。政策的演进历程从具体来讲,本研究认为我国在"十一五"时期通过大力建设信息化基础设施夯实了开放共享发展基础,在"十二五"时期通过推动多领域信息化提升了数字政务服务能力,在"十三五"时期树立形成了激发数字红利释放的开放共享发展理念,在"十四五"时期则通过加速开放共享建设强化我国数字治理能力。因此,在价值功能方面,本研究得到的结论初步认为跨域生态环境协同治理信息资源开放共享能够打破数据壁垒进而赋能全局目标管理,还能够以激发内生动力的方式提高开放共享效率,同时信息资源供需两侧的精准对接还能够有效提升环境治理效率,此外通过将信息化技术嵌入协同治理的方式能够最终实现信息资源充分的开放共享。

（3）设计了跨域生态环境协同治理信息资源开放共享指标体系。本研究以TOE多理论融合分析框架为基础，构建了包括4个技术因素指标、8个组织因素指标和4个环境因素指标在内的能够一定程度有效反映跨域生态环境协同治理信息资源开放共享组织实践影响因素的指标体系。通过以我国31个省级行政区单位为维度，逐一对14个指标进行可视化分析的结果来看，我国在技术因素指标水平方面整体呈现出东南高西北低的大趋势。在组织因素指标水平中，能够反映目标准备情况的指标水平呈现出东部地区与西南地区高，其余地域较低的特点，能够反映目标实现情况的指标水平则表现出了中西部与东南地区强，北部地区较弱的特征，而在能够反映目标评审所关注的成果产出情况的指标水平则表现出了东部沿海地区与川贵地区显著强于其他地区的发展现状。在环境因素指标方面则整体呈现出了由东南向西北递减的发展环境水平。

（4）构建了基于DEMATEL-ASIM方法的以多级递阶结构模型为表现形式的跨域生态环境协同治理信息资源开放共享机制。该机制在实验室决策法与对抗解释模型（DEMATEL-ASIM）联用方法的双重验证下，验证了指标体系中14个指标的因果关系、重要性排名以及指标间的因果逻辑链，其结果分别表明了我国当前的机制中，技术因素在能够向环境因素产生综合影响效应的同时，还能够逐步向组织因素中的目标准备、目标实现与目标评审（成果产出）环节单向延伸因果关系逻辑链。同时，通过将各指标间的因果关系以有向拓扑图方式所完成的可视化分析结果来看，当前我国全国范围内的跨域生态环境协同治理信息资源开放共享机制在技术因素、组织因素和环境因素中均存在着一定的问题。在技术因素方面，主要存在着欠发达地区信息化技术水平制约着跨域信息资源开放共享目标实现的问题。在组织因素层面，存在着跨域信息资源开放共享在目标准备与目标实现阶段，部分中西部地区投入不足和准备欠缺的情况，而在成果产出与目标评审方面，一些中东部省份则表现出了投入-产出比不高，生态环境治理信息资源应用成果转化率较低的情况。在环境因素层面，则又表现出了在现阶段多元主体在跨域生态环境协同治理信息资源开放共享的组织实践中，协同协作紧密度与程度则需要以完善优化相关政策的方式带来进一步提升的问题。

（5）明确了沿黄河九省（区）跨域生态环境协同治理信息资源开放共享的区

域特征和机制症结。本研究在以全国省级行政区为对象的跨域生态环境协同治理信息资源开放共享机制构建方法上,将沿黄河九省(区)作为应用对象,明确沿黄河九省(区)机制症结的同时,结合对比分析法,梳理归纳了沿黄河九省(区)与全国范围相比的机制特征。在机制症结方面,沿黄河九省(区)的跨域生态环境协同治理信息资源开放共享机制反映出了该地域在目标准备过程中存在着内外部利益失衡导致了多元参与主体间缺乏开放共享的共识与动机,同时还反映出了在目标实现过程中由于政策供给不足、主体间异质性过大以及信息资源开放共享的风险导致了组织实践中存在着较强的目标实现阻力。此外,在结果输出阶段,生态环境治理的分散性以及现阶段地方政府治理的封闭性导致了沿黄河九省(区)的多元参与主体在信息资源开放共享互利共赢的合作引力较弱;不仅如此,由于目标评审和绩效评估过程中可能存在着机会主义问题以及对于流域内协同治理主体利益补偿机制的缺失,导致了现阶段沿黄河九省(区)各级主管和领导部门在达成绩效与实现目标的方面动力不足。在沿黄河九省(区)的跨域生态环境协同治理信息资源开放共享机制特征方面,和与以全国31个省级行政区为对象所构建机制的实证分析结果相比,管理机构参与成效、公共政策支撑水平、信息资源利用成效与生态环境治理成效更倾向于对整个机制中的其他组成要素产生显著的综合影响,而信息基础设施水平、开放共享准备水平和省级平台建设水平则相比于全国机制则更倾向于受到其他指标所产生的综合影响。而在指标重要性上,沿黄河九省(区)相较于全国范围内来说,则应将下阶段的治理考量重点放在环境数据开放成效、数字经济发展水平、生态环境治理成效和府际治理压力水平当中去。整体来看,以沿黄河九省(区)为应用对象构建的机制表现出了以环境因素影响技术因素,进一步以技术因素影响组织因素和目标实现的因果逻辑链特征。

(6) 设计了跨域生态环境协同治理信息资源开放共享的政策框架并提出实现路径。在基于本研究定量与定性相结合的分析方法所最终得到当前全国与沿黄河九省(区)跨域生态环境协同治理信息资源开放共享机制的基础上,从解决、化解机制症结和问题的角度出发,构建了包括信息资源标准规范政策、开放共享协同协作政策、信息资源组织管理政策、绩效考核评审问责政策和信息资源安全保障政策五大政策在内的政策框架。其中信息资源标准规范政策包括了信息资源质量标准政策、信息资源容量标准政策和信息资源格式标准政策。而开放共享协同协作政策则具体涵盖了跨域信息资源协同组织领导政策、跨域信息资源开放共享协同协作政策以及跨域信息资源开放共享资源投入政策。在信息资源组织管理政策方面,向下构建了信息资源采集与建档政策、信息资源处理与组织政策、信息资源上传与存储政策、信息资源开放与共享政策和信息资源获取与利用政策。对于绩效考核评审问责政策来说,其具体政策内容需要包含跨域信息资源开放共享政绩考核政策和跨域信息资源开放共享监督评估政策。而对信息资源安全保障政策来说,开放共享网络安全政策、信息资源分级分类政策以及开放共享隐私保护政策则是其必要的组成部分。而在跨域生态环境协同治理信息资源开放共享的路径设计方面,对于全国范围来说,在技术因素层,一是需要促进形成全国范围的信息技术提升的长效机制,二是应当适当加大政府技术投入,优化平台建设与服务。在组织因素层面中,一是需要健全平台建设和数据利用有关的法律法规,强化政策保障。二是应该完善环境数据开放标准,提升环境数据利用的质量。三是鼓励数据应用多样化,提高环境数据应用成果转化率。四是有必要防范环境数据安全风险,注重开放利用结果反馈与绩效考核。而在环境因素层面当中,我国现阶段一是应该切实保障跨域政府的治理进度协同推进环境,二是需要增强跨域政府宏观环境下的互助共赢意识。对于沿黄河九省(区)的具体路径设计来说,则首先需要通过强化合作动机,实现共享共赢的方式平衡目标准备阶段的内外部压力;其次要以营造良好协同环境,推动开放共享目标实现的路径消除目标实现阶段的协同治理阻力;此外还应该构建流域价值共创平台,实现供需无缝隙对接,进而创造结果输出阶段供需双方的合作引力;最后则应坚持以大数据技术、赋能开放共享内生驱动力的方式提升多元参与主体达成绩效考核指标的信心与动力。

8.1.3　研究创新点

　　本书综合运用了来自公共管理学、系统工程学和数据科学等领域的多学科知识,通过使用普通最小二乘回归、实验室决策法-对抗解释结构模型联用方法、案例研究法与比较分析法等多种研究方法,对跨域生态环境协同治理信息资源开放共享机制的建构、分析框架的设计、指标间因果关系的分析、政策框架与发展路径的探讨等展开深入研究,具有理论上、方法上和设计上的创新。跨域生态环境协同治理信息资源开放共享研究是当前学术界研究的热点话题之一,研究的内容、角度、方法等也在不断地丰富和发展。相比较以往的研究,本文主要有以下两个方面的创新:

(1) 构建基于 TOE 框架的多理论融合分析框架。本书在根据已有研究明确TOE 框架对于信息资源开放共享研究具有适切性的基础上,结合跨域治理、协同治理、价值共创和整体性治理的理论思路,并根据开放共享具有多元参与主体特征的研究特点,以 TOE 框架中技术因素、组织因素和环境因素为基础,围绕三大因素内部、因素之间以及因素与整体之间的思路,创新性地构建了基于 TOE 框架的多理论融合分析框架。这是开展跨域生态环境协同治理信息资源开放共享研究分析的前提和基础,能够为跨域生态环境协同治理信息资源开放共享指标体系的设计提供理论维度。在此基础上,通过对基于多理论融合分析框架构建的指标体系,进一步构建出了能够反映指标间因果关系与影响效应的跨域生态环境协同治理信息资源开放共享机制后,基于 TOE 框架的多理论融合分析框架还能够为机制构建结果、机制中问题与症结以及后续政策框架和路径规划提供理论支撑。

(2) 构建跨域生态环境协同治理信息资源开放共享机制。在已有文献研究的基础上,有关构建能够反映指标间因果关系和影响效应的跨域生态环境协同治理信息资源开放共享机制的相关研究并不多见。本书探索性地研究了专项跨域生态环境协同治理信息资源开放共享多级递阶结构模型的建构、指标间的因果关系分析,以及当前跨域信息资源开放共享指标间影响效应传导的问题和症结这三个方面,并将三者纳入跨域生态环境协同治理信息资源开放共享机制这一框架下展开深入研究。具体来讲,构建跨域生态环境协同治理信息资源开放共享机制是以构建可以生成可视化因果关系有向线拓扑图的多级递阶结构模型为方法,详细分析机制中技术因素、组织因素、环境因素下各个指标间的因果关系以及从关键指标和逻辑链中所反映出当前发展的问题与症结。从理论上来说,跨域生态环境协同治理信息资源开放共享目标的实现是多种因素层面指标共同驱动和作用的结果,这些指标通过不同的因果逻辑链将影响效应进行传导,并最终作用于多元参与主体以推动开放共享总目标和各项子目标的实现,而当这种因果关系传导效应以科学、合理、简洁、直接的方式进行传导时，跨域生态环境协同治理信息资源开放共享的成果产出就愈加优异。这对于进一步丰富相关研究内容和拓展现有研究领域来说，具有选题和理论上的创新性。

8.2 研究的局限及后续研究展望

8.2.1 研究局限

本书运用质性研究和实证分析相结合的方法，对跨域生态环境协同治理信息资源开放共享的机制、问题、困境，以及化解问题与困境的政策框架和发展路径展开深入分析和论证，初步完成了预定的研究目标，但由于研究的复杂性、研究条件的限制等诸多因素可能使研究存在不足之处。尤其是跨域生态环境协同治理信息资源开放共享的各项建设是一个不断演进的动态运行过程，目前尚不存在可以囊括全部生成要素的完美分析框架，本书所能做的仅是在现有研究的基础上进行补充和创新，以期能在某个环节或某些要素上有所贡献。同时，在指标体系设计方面，跨域生态环境协同治理信息资源开放共享的影响因素众多，除了本书根据所发现影响因素构建的指标体系之外，结合解释性结构模型的建模结果来看，跨域生态环境协同治理信息资源开放共享的机制还可能受到其他技术、组织、环境层面中内外部复杂因素的影响，这些因素究竟是哪些，并如何影响跨域信息资源开放共享的各个环节，又是如何产生影响的，都是当前值得进一步探讨和研究的重要问题。

8.2.2 后续研究展望

随着我国数字经济的强劲发展以及信息化技术水平的不断突破，新型的数字化思维与信息技术对于跨域生态环境协同治理信息资源开放共享的影响也越来越大，充分应用数字化、信息化、智慧化的各项先进技术，进而以推动多元主体形成有效协同治理合力的方式实现跨域信息资源开放共享发展总目标和各项子目标是我国未来发展的重要趋势。因此，在未来的学术研究与组织实践中可以关注如下三个焦点：

一是信息资源开放共享如何适应包括生态环境治理在内的跨域协同治理变革。大数据、区块链、人工智能等前沿数据科学和信息技术在信息资源开放共享目标实现过程中的应用和拓展,必将带来包括生态环境领域在内的跨域协同治理理念、手段、模式和服务方式的变革,进而推动跨域协同治理模式从数字化治理迈向智慧化治理。而信息资源的开放共享作为促进生态环境治理目标实现的重要手段,只有与生态环境治理的需求与特征兼容匹配,才能充分发挥其价值功能。

二是聚焦于生态环境领域的信息资源开放共享模式与府际网络关系的有效契合。生态环境信息资源开放共享主要体现在多元参与主体在信息资源领域的协同合作,其实质是重新整合和充分利用治理范围内不同主体和业务部门的生态环境信息资源,从而赋能跨域协同治理目标和战略的实现。然而,不同的信息资源开放共享模式具有不同的治理情境适切性,因此将聚焦于生态环境领域的信息资源开放共享嵌入府际网络关系,讨论开放共享模式与府际网络关系之间的内在一致性,可实现信息资源开放共享模式与特定生态环境协同治理实践情境的高度适配,从而建立更具结构解释性和内容多样性的理论模型。

三是在充分释放数字红利的发展战略下如何更好更快地实现生态环境协同治理信息资源开放共享的目标。在数字政府与信息化治理能力不断提升的发展趋势下,生态环境协同治理信息资源呈指数级爆炸增长,海量生态环境协同治理信息资源的无序涌入将大大增加生态环境协同治理数字红利释放的难度和复杂性。因此,如何确保信息资源开放共享的有效性、及时性、精确性和可靠性,以充分释放数字红利的方式,降低跨域生态环境协同治理信息资源开放共享过程中不必要的资源浪费和行政费用,实现生态环境协同治理信息资源供给侧与需求侧的精准对接,加强多元参与主体间建立互信合作共赢的协同治理关系,提高跨域开放共享的引力和效率是后续研究的关键问题。

参 考 文 献

[1] 赵爱武,关洪军,孙珍珍.黄河流域生态保护与高质量发展研究[M].北京:经济科学出版社,2022.

[2] 林振义,董小君.黄河流域发展蓝皮书:黄河流域高质量发展及大治理研究报告[M].北京:社会科学文献出版社,2021.

[3] 华军.雾霾污染的空间关联与区域协同治理[M].北京:科学出版社,2021.

[4] 张凯.信息资源管理[M].4版.北京:清华大学出版社,2020.

[5] 赵新峰.合乎区域协同发展愿景的整体性治理图式探析[M].北京:人民出版社,2020.

[6] 司林波.生态问责制国际比较研究[M].北京:中国环境出版集团,2019.

[7] 周三多,陈传明,刘子馨,等.管理学[M].7版.上海:复旦大学出版社,2018.

[8] 李庆扬,王能超,易大义.数值分析[M].武汉:华中科技大学出版社,2018.

[9] 戴胜利.跨区域生态环境协同治理[M].武汉:武汉大学出版社,2018.

[10] 黄如花.数字信息资源开放存取[M].武汉:武汉大学出版社,2017.

[11] 张创新.公共管理学概论[M].2版.北京:清华大学出版社,2015.

[12] 赖先进.论政府跨部门协同治理[M].北京:北京大学出版社,2015.

[13] 裴玉茹,马赓宇.数值分析[M].北京:机械工业出版社,2014.

[14] 叶文虎,张勇.环境管理学[M].3版.北京:高等教育出版社,2013.

[15] 陈劲,郑刚.创新管理:赢得可持续竞争优势[M].2版.北京:北京大学出版社,2013.

[16] 托马斯 R 戴伊.理解公共政策[M].12版.谢明,译.北京:中国人民大学出版社,2011.

[17] 陈庆云.公共政策分析[M].2版.北京:北京大学出版社,2011.

[18] 王骚.公共政策学[M].天津:天津大学出版社,2010.

［19］ 赫尔曼·哈肯.协同学:大自然构成的奥秘［M］.凌复华,译.上海:上海译文出版社,2005.

［20］ 程焕文,潘燕桃.信息资源共享［M］.北京:高等教育出版社,2004.

［21］ 封建湖,车刚明,聂玉峰.数值分析原理［M］.北京:科学出版社,2001.

［22］ 俞可平.治理与善治［M］.北京:社会科学文献出版社,2000.

［23］ 王雪原,李雪琪.技术-组织-环境框架下数字化政策组合研究［J］.科学学研究,2022,40(5):841-851.

［24］ 黎江平,姚怡帆,叶中华.TOE 框架下的省级政务大数据发展水平影响因素与发展路径:基于 fsQCA 实证研究［J］.情报杂志,2022,41(1):200-207.

［25］ 卢志霖,赵金丽,殷冠文,等.黄河流域城市信息联系网络空间结构研究［J］.济南大学学报(自然科学版),2022,36(2):155-163.

［26］ 周文泓,吴琼,田欣,等.美国联邦政府数据治理的实践框架研究:基于政策的分析及启示［J］.现代情报,2022,42(8):127-135.

［27］ 黄如花,黄雨婷,李雅.国内外开放政府数据利用研究:进展与动向［J］.情报资料工作,2022,43(4):5-15.

［28］ 王盟燏,王常珏,李玉海.2011—2020 年我国政府数据开放研究态势分析［J］.知识管理论坛,2022,7(3):286-298.

［29］ 朱海涛.政务大数据开放及共享安全问题研究［J］.网络安全技术与应用,2022(6):56-59.

［30］ 丁伟峰.政务数据安全风险与法律规制［J］.人民论坛·学术前沿,2022(9):106-108.

［31］ 赵龙文,方俊,赵雪琦.生态视角下我国政府数据开放共享政策体系的互动演化分析［J］.情报资料工作,2022,43(3):56-66.

［32］ 张会平,顾勤.政府数据流动:方式、实践困境与协同治理［J］.治理研究,2022,38(3):59-69,126.

［33］ 司林波,张盼.黄河流域生态协同保护的现实困境与治理策略:基于制度性集体行动理论［J］.青海社会科学,2022(1):29-40.

［34］ 司林波,王伟伟.绩效问责何以促进跨行政区生态环境协同治理:基于协

同治理绩效问责行动逻辑的探讨[J].武汉科技大学学报(社会科学版),2022,24(3):283-292.

[35] 王军.黄河流域空天地一体化大数据平台架构及关键技术研究[J].人民黄河,2021,43(4):6-12.

[36] 王家耀,秦奋,郭建忠.建设黄河"智能大脑"服务流域生态保护和高质量发展[J].测绘通报,2021(10):1-8.

[37] 倪千淼.政府数据开放共享的法治难题与化解之策[J].西南民族大学学报(人文社会科学版),2021,42(1):82-87.

[38] 刘淑妍,王湖葩.TOE框架下地方政府数据开放制度绩效评价与路径生成研究:基于20省数据的模糊集定性比较分析[J].中国行政管理,2021(9):34-41.

[39] 汤志伟,罗意.资源基础视角下省级政府数据开放绩效生成逻辑及模式:基于16省数据的模糊集定性比较分析[J].情报杂志,2021,40(1):157-164.

[40] 徐淑升,黄华梅,贾后磊.民生保障服务领域政府数据开放共享实现路径研究:以海洋观测监测数据为例[J].海洋信息,2021,36(1):15-19.

[41] 朱玲玲,茆意宏,朱永凤,等.政府数据开放准备度关键影响因素识别:以省级地方政府为例[J].图书情报工作,2021,65(3):75-83.

[42] 徐信予,杨东.平台政府:数据开放共享的"治理红利"[J].行政管理改革,2021(2):54-63.

[43] 周伟.黄河流域生态保护地方政府协同治理的内涵意蕴、应然逻辑及实现机制[J].宁夏社会科学,2021(1):128-136.

[44] 张立荣,陈勇.整体性治理视角下区域地方政府合作困境分析与出路探索[J].宁夏社会科学,2021(1):137-145.

[45] 司林波,裴索亚.国家生态治理重点区域政府环境数据开放利用水平评价与优化建议:基于京津冀、长三角、珠三角和汾渭平原政府数据开放平台的分析[J].图书情报工作,2021(5):49-60.

[46] 司林波,裴索亚.跨行政区生态环境协同治理的政策过程模型与政策启示:基于扎根理论的政策文本研究[J].吉首大学学报(社会科学版),

2021,42(6):34-44.

[47] 司林波,张锦超.跨行政区生态环境协同治理的动力机制、治理模式与实践情境:基于国家生态治理重点区域典型案例的比较分析[J].青海社会科学,2021(4):46-59.

[48] 司林波,裴索亚.跨行政区生态环境协同治理的绩效问责过程及镜鉴:基于国外典型环境治理事件的比较分析[J].河南师范大学学报(哲学社会科学版),2021,48(2):16-26.

[49] 司林波,裴索亚.跨行政区生态环境协同治理绩效问责模式及实践情境:基于国内外典型案例的分析[J].北京行政学院学报,2021(3):49-61.

[50] 司林波,王伟伟.跨行政区生态环境协同治理绩效问责机制构建与应用:基于目标管理过程的分析框架[J].长白学刊,2021(1):73-81.

[51] 段盛华,于凤霞,关乐宁.数据时代的政府治理创新:基于数据开放共享的视角[J].电子政务,2020(9):74-83.

[52] 倪标,黄伟.基于对抗解释结构模型的军事训练方法可推广性评价模型[J].军事运筹与系统工程,2020(2):46-51.

[53] 石亚军,程广鑫.区块链+政务服务:以数据共享优化政务服务的技术赋能[J].北京行政学院学报,2020(6):50-56.

[54] 袁刚,温圣军,赵晶晶,等.政务数据资源整合共享:需求、困境与关键进路[J].电子政务,2020(10):109-116.

[55] 陈晓勤.需求识别与精准供给:大数据地方立法完善思考:基于政府部门与大数据相关企业调研的分析[J].法学杂志,2020,41(11):91-101,129.

[56] 锁利铭.府际数据共享的双重困境:生成逻辑与政策启示[J].探索,2020(5):126-140,193.

[57] 闫坤如.大数据的共享-隐私悖论探析[J].大连理工大学学报(社会科学版),2020,41(5):15-20.

[58] 李燕琴,陈灵飞,俞方圆.基于价值共创的旅游营销运作模式与创新路径案例研究[J].管理学报,2020,17(6):899-906.

[59] 孟显印,杨超.话语权和问责制、法商环境与开放政府数据发展水平研究:基于TOE框架的跨国实证分析[J].情报杂志,2020,39(11):111-119.

[60] 张梦堰,胡炜霞.沿黄河九省(区)旅游经济时空差异研究[J].陕西理工大学学报(自然科学版),2020,36(6):75-84.

[61] 司林波,王伟伟.跨域生态环境协同治理信息资源开放共享机制构建:以京津冀地区为例[J].燕山大学学报(哲学社会科学版),2020,21(3):96-106.

[62] 司林波,聂晓云,孟卫东.跨域生态环境协同治理困境成因及路径选择[J].生态经济,2018,34(1):171-175.

[63] 司林波,刘畅.智慧政府治理:大数据时代政府治理变革之道[J].电子政务,2018(5):85-92.

[64] 司林波,刘畅,孟卫东.政府数据开放的价值及面临的问题与路径选择[J].图书馆学研究,2017(14):79-84.

[65] 陈水生.从压力型体制到督办责任体制:中国国家现代化导向下政府运作模式的转型与机制创新[J].行政论坛,2017,24(5):16-23.

[66] 翁列恩,李幼芸.政务大数据的开放与共享:条件、障碍与基本准则研究[J].经济社会体制比较,2016(2):113-122.

[67] 赵聚军.行政区划调整如何助推区域协同发展?:以京津冀地区为例[J].经济社会体制比较,2016(2):1-10.

[68] 谭军,基于TOE理论架构的开放政府数据阻碍因素分析[J].情报杂志,2016,35(8):175-178,150.

[69] 邱国栋,王涛.重新审视德鲁克的目标管理:一个后现代视角[J].学术月刊,2013(10):20-28.

[70] 吴春梅,庄永琪.协同治理:关键变量、影响因素及实现途径[J].理论探索,2013(3):73-77.

[71] 韩兆柱,杨洋.整体性治理理论研究及应用[J].教学与研究,2013(6):80-86.

[72] 叶璇.整体性治理国内外研究综述[J].当代经济,2012(6):110-112.

[73] 费月.整体性治理:一种新的治理机制[J].中共浙江省委党校学报,2010,30(1):67-72.

[74] 周德群,章玲.集成DEMATEL/ISM的复杂系统层次划分研究[J].管理科

学学报,2008(2):20-26.

[75] 竺乾威. 从新公共管理到整体性治理[J]. 中国行政管理,2008(10):52-58.

[76] 蒋永福. 论公共信息资源管理:概念、配置效率及政府规制[J]. 图书情报知识,2006(3):11-15.

[77] 王伟伟. 跨行政区生态环境协同治理绩效问责机制的构建与完善:基于扎根理论与多案例比较研究[D]. 西安:西北大学,2022.

[78] 魏艺敏. 基于 TOE 框架的企业节能行为研究[D]. 北京:北京理工大学,2016.

[79] 开放树林. 中国地方政府数据开放报告[R]. 上海:复旦大学数字与移动治理实验室,国家信息中心数字中国研究院,2021.

[80] 中国电子信息产业发展研究院. 中国大数据区域发展水平评估报告[R]. 北京:中国大数据产业生态联盟,2021.

[81] 中国数字经济指数[R]. 北京:财新智库,2021.

[82] 2021 中国生态环境状况公报[R]. 北京:中华人民共和国生态环境部,2022.

[83] 中华人民共和国中央人民政府. 中共中央办公厅国务院办公厅关于印发《2006—2020 年国家信息化发展战略》的通知[EB/OL]. (2006-03-19)[2022-03-19]. http://www. gov. cn/gongbao/content/2006/content _ 315999. htm.

[84] 中华人民共和国中央人民政府. 发展改革委有关负责人就《国民经济和社会发展信息化"十一五"规划》答记者问[EB/OL]. (2008-04-17)[2022-07-11]. http://www. gov. cn/zwhd/2008-04/17/content_947090. htm.

[85] 中华人民共和国中央人民政府.《"十二五"国家政务信息化工程建设规划》印发[EB/OL]. (2012-05-16)[2022-07-11]. http://www. gov. cn/gzdt/2012-05/16/content_2138308. htm.

[86] 中华人民共和国国务院. 国务院关于印发促进大数据发展行动纲要的通知:国发〔2015〕50 号[EB/OL]. (2015-09-05)[2022-03-26]. http://www. gov. cn/zhengce/content/2015-09/05/content_10137. htm.

［87］ 中华人民共和国国务院.国务院关于印发促进大数据发展行动纲要的通知:国发〔2015〕50 号［EB/OL］.（2015-09-05）［2022-03-26］.http://www.gov.cn/zhengce/content/2015-09/05/content_10137.htm.

［88］ 中华人民共和国国务院.国务院关于印发"十三五"国家信息化规划的通知:国发〔2016〕73 号［EB/OL］.（2016-12-27）［2022-03-26］.http://www.gov.cn/zhengce/content/2016-12/27/content_5153411.htm.

［89］ 中华人民共和国中央人民政府.习近平主持中共中央政治局第二次集体学习并讲话［EB/OL］.（2017-12-09）［2022-03-31］.http://www.gov.cn/xinwen/2017-12/09/content_5245520.htm.

［90］ 中华人民共和国生态环境部.2018—2020 年生态环境信息化建设方案［EB/OL］.（2018-04-10）［2022-03-31］.http://www.mee.gov.cn/gkml/sthjbgw/qt/201804/t20180410_434111.htm.

［91］ 贵州省人民政府国有资产监督管理委员会.数字政府的"贵州经验"［EB/OL］.（2019-12-30）［2022-03-26］.http://gzw.guizhou.gov.cn/xwzx/gzdt/201912/t20191230_39372618.html.

［92］ 中国民主促进会河南省委员会.政府工作报告开篇点题"黄河"战略,看大数据专家给建议［EB/OL］.（2020-01-03）［2022-03-21］.http://www.hnmj.gov.cn/wSpacePage? lmid=13ACN1ACN2ACN6727ACN1ACN38DE8C89F6884FD7AF2AD977F29A7A05.

［93］ 甘肃省生态环境厅甘肃省生态环境厅举行 2020 年第 1 次新闻发布会［EB/OL］.（2020-02-28）［2022-04-10］.http://sthj.gansu.gov.cn/sthj/c112982/202104/44178bb61eb64463958003981db28ffa.shtml.

［94］ 中华人民共和国国务院.国家发展改革委关于印发"十四五"推进国家政务信息化规划的通知:发改高技〔2021〕1898 号［EB/OL］.（2022-01-06）［2022-03-26］.http://www.gov.cn/zhengce/zhengceku/2022-01/06/content_5666746.htm.

［95］ 中央网络安全和信息化委员会."十四五"国家信息化规划［EB/OL］.（2021-12-28）［2022-03-26］.http://www.gov.cn/xinwen/2021-12/28/5664873/files/1760823a103e4d75ac681564fe481af4.pdf.

[96] 中华人民共和国国务院.国务院关于印发"十四五"数字经济发展规划的通知:国发〔2021〕29 号〔EB/OL〕.（2022-01-12）〔2022-03-26〕. http://www. gov. cn/zhengce/content/2022-01/12/content_5667817. htm.

[97] 国家冰川冻土沙漠科学数据中心.黄河流域基础科学数据开放共享倡议书〔EB/OL〕.（2020-06-10）〔2022-03-31〕. http://www. ncdc. ac. cn/portal/news/detail/b2c2f310-c8f5-42ef-bd57-fd3aab8ae75b.

[98] 芮国强,张京唐.数字化政府助推环境治理转型〔EB/OL〕.（2022-04-13）〔2022-07-16〕. http://news. cssn. cn/zx/bwyc/202204/t20220413_5403183. shtml

[99] NAGARAJ A. The Private Impact of Public Data：Landsat Satellite Maps Increased Gold Discoveries and Encouraged Entry〔J〕. Management Science,2022,1(68):564-582.

[100] SONG C,HAKLAE K. Considerations in Releasing Public Data：The Case of Local Governments in Korea〔J〕. Journal of Information Science,2022:1-15.

[101] TOWSE J N,David A E, Andrea S T. Opening Pandora's Box：Peeking Inside Psychology's Data Sharing Practices, and Seven Recommendations for Change〔J〕. Behavi or Research Methods,2021,4(53):1455-1468.

[102] ZYGMUNTOWSKI J J,LAURA Z,Paul F N. Embedding European Values in Data Governance：a Case for Public Data Commons〔J〕. Internet Policy Review,2021,3(10)：1-29.

[103] THOEGERSEN J L,PIA B. Researcher Attitudes Toward Data Sharing in Public Data Repositories：a Meta-Evaluation of Studies on Researcher Data Sharing〔J〕. Journal of Documentation,2021,7(78):1-17.

[104] PÁLMAI G S C, AND ZOLTÁN E. Authentic and Reliable Data in the Service of National Public Data Asset〔J〕. Public Finance Quarterly（Budapest, Hungary）,2021:52-67.

[105] ALORWU A,et al. Crowdsourcing Sensitive Data Using Public Displays——opportunities, Challenges, and Considerations〔J〕. Personal and Ubiquitous Computing,2020,3(26):681-696.

[106] CHAWLA N V, HERRERA F, GARCIA S, et al. SMOTE for Learning from Imbalanced Data: Progress and Challenges, Marking the 15-year Anniversary [J]. Journal of Artificial Intelligence Research, 2018(61): 863-905.

[107] JOHNSON K, ERIK P J. Information Exchange and Transnational Environmental Pproblem [J]. Environ Resource Econ, 2018(71): 583-604.

[108] ANSELL C, GASH A. Collaborative Governance in Theory and Practice [M]//王浦劬,臧雷振,编译. 治理理论与实践:经典议题研究新解. 北京:中央编译出版社,2017:332.

[109] LEMAITRE G, NOGUEIRA F, ARIDAS C K. Imbalanced-Learn: A Python Toolbox to Tackle the Curse of Imbalanced Datasets in Machine Learning [J]. Journal of Machine Learning Research, 2017, 18(17):1-5.

[110] THOMAS F T, ADELA M S. Collaborative Engagement of Local and Traditional Knowledge and Science in Marine Environments: A Review [J]. Ecology and Society, 2017(3): 56-70.

[111] KEIRAN H, ALANA M. Opening up Government Data for Big Data Analysis and Public Benefit[J]. Computer Law & Security Review, 2017, 1(33):30-37.

[112] LAI K, CHRISTINA W, JASMINE S L. Sharing Environmental Management Information with Supply Chain Partners and The Performance Contingencies on Environmental Munificence [J]. Int. J. Production Economics, 2015 (164): 445-453.

[113] CHONNIKARN J, MICHAEL W T. Engaging Supply Chains in Climate Change [J]. Manufacturing & Service Operations Management, 2013: 559-577.

[114] CAROLINE L N, LAURA A L, MARK W A. Environmental Worldviews: A Point of Common Contact, or Barrier? [J]. Sustainability, 2013 (5): 4825-4842.

[115] HAKEN H. Complexity and Complexity Theories: Do These Concepts Make Sense? [J]. Springer Nature, 2012:7-20.

[116]　MATT K, ANDREW S P. Realizing an Effectiveness Revolution in Environmental Management ［J］. Journal of Environmental Management, 2011 (92): 2130-2135.

[117]　NEES J E, LUDO W. Software Survey: VOSviewer, a Computer Program for Bibliometric Mapping[J]. Scientometrics, 2010(2):523-538.

[118]　HAIBO H, GARCIA E A. Learning from Imbalanced Data[J]. IEEE Transactions on Knowledge and Data Engineering, 2009, 21(9): 1263-1284.

[119]　MOLLER B, BRAGG C, NEWMAN J, et al. Guidelines for Cross-Cultural Participatory Action Partnerships: a Case Study of Customary Seabird Harvest in New Zealand ［J］. New Zealand Journal of Zoology, 2009(36): 211-241.

[120]　CHAWLA N V, BOWYER K W, HALL L O, et al. SMOTE: Synthetic Minority Over-Sampling Technique ［J］. Journal of Artificial Intelligence Research, 2002(16):321-357.

[121]　GABUSA, FONTELA E. World Problems, An Invitation to Further Tought within Te Framework of DEMATEL[J]. Switzerland Geneva, Battelle Geneva Research Centre, 1973(19): 5-57.

[122]　VOSVIEWER. Highlights[EB/OL]. [2022-03-30]. https://www. vosviewer. com/features/highlights.

附　　录

附表 1　基于 TOE 框架的多理论融合分析框架所构建的指标体系原始数据：全国范围

编号	行政区	技术因素			组织因素							环境因素			
		T1	T2	T3	O1	O2	O3	O4	O5	O6	O7	O8	E1	E2	E3
1	北京	47.82	67.53	53.50	21.85	16.50	62.50	4.24	4.58	21.51	10.70	36.02	963.00	3.63	117.31
2	天津	27.48	25.12	46.39	21.85	22.19	15.46	6.13	5.40	21.73	7.00	34.76	670.00	2.60	141.59
3	上海	38.02	41.66	55.52	21.85	23.08	46.87	12.39	15.12	26.73	16.50	64.90	931.00	2.38	169.31
4	重庆	27.27	19.99	47.44	37.00	21.29	17.22	5.03	4.78	11.93	5.60	37.61	552.00	4.05	348.32
5	河北	31.34	16.07	47.90	12.11	31.19	20.45	0.70	2.25	3.53	4.00	9.47	621.00	3.22	452.75
6	山西	24.86	14.22	44.51	33.62	46.54	11.97	4.44	1.09	0.00	0.00	0.00	480.00	3.44	231.69
7	辽宁	26.16	19.32	47.13	37.00	23.13	22.42	1.40	0.00	0.00	0.00	0.00	648.00	3.65	172.21
8	吉林	22.14	11.84	46.84	21.85	14.45	14.26	3.14	0.65	2.10	2.10	0.00	459.00	3.89	176.83
9	黑龙江	22.54	10.21	45.79	29.99	5.30	14.11	1.20	0.65	2.10	2.10	0.00	448.00	3.93	112.46
10	江苏	36.63	51.77	52.81	43.14	27.30	38.75	1.40	1.92	1.32	6.80	38.38	1040.00	3.45	298.24
11	浙江	36.00	40.94	55.43	53.54	28.10	37.04	15.26	13.88	30.45	17.10	39.02	921.00	4.27	365.04
12	安徽	25.44	26.99	51.84	37.00	36.84	20.40	3.43	5.10	1.99	2.00	0.00	719.00	3.57	448.41
13	福建	31.64	25.50	50.04	29.99	48.16	24.38	7.46	7.87	17.47	6.10	29.28	733.00	4.52	247.26
14	江西	25.90	15.72	47.49	40.36	30.50	15.04	7.30	4.50	13.56	6.20	47.34	557.00	4.47	470.18
15	山东	34.61	43.48	46.48	33.62	39.45	26.36	11.18	13.38	24.24	17.30	58.77	922.00	3.12	275.48
16	河南	29.86	27.10	48.67	53.54	38.16	23.77	1.50	3.84	12.49	0.50	31.40	699.00	3.10	402.28
17	湖北	30.19	29.33	49.10	45.95	25.65	28.09	5.04	1.68	0.19	0.00	0.00	731.00	4.31	400.97
18	湖南	26.75	21.71	46.60	43.14	19.43	18.19	0.80	3.23	0.14	1.50	34.16	646.00	4.41	425.03
19	广东	47.22	58.31	55.72	48.61	46.54	61.51	7.54	10.84	25.78	5.10	82.84	1143.00	4.25	337.43
20	海南	21.79	6.27	46.98	21.85	16.50	7.24	4.63	4.62	3.61	6.20	33.68	487.00	4.67	96.69
21	四川	30.10	28.81	50.72	48.61	27.30	30.77	6.10	9.96	17.19	11.00	45.24	755.00	4.18	364.00
22	贵州	24.36	15.59	52.11	43.14	68.82	11.47	12.07	11.95	11.71	15.40	40.60	422.00	4.36	326.17
23	云南	21.21	10.91	46.43	17.21	16.50	13.48	1.20	0.00	0.00	4.00	0.00	390.00	4.56	228.88
24	陕西	24.39	19.66	41.17	45.91	16.50	23.17	1.50	2.80	2.36	0.00	48.10	699.00	4.11	463.39
25	甘肃	20.99	6.35	42.36	26.09	26.48	9.53	0.70	3.43	3.35	2.00	0.00	290.00	3.33	316.21
26	青海	19.10	2.69	41.98	12.11	7.75	6.04	0.80	0.00	0.00	4.00	0.00	163.00	3.65	192.19

续表附表 1

编号	行政区	技术因素			组织因素								环境因素		
		T1	T2	T3	O1	O2	O3	O4	O5	O6	O7	O8	E1	E2	E3
27	内蒙古	24.71	7.90	45.62	33.62	29.67	9.61	2.50	0.58	0.00	0.00	0.00	475.00	3.83	439.40
28	广西	24.29	12.71	46.70	33.62	41.32	13.24	9.87	8.69	21.23	3.60	33.97	448.00	4.61	282.31
29	西藏	17.17	1.97	42.28	21.85	4.02	6.39	1.20	1.20	0.00	0.00	0.00	113.00	3.70	209.73
30	宁夏	20.86	3.56	46.47	17.21	15.49	5.70	2.10	7.65	13.49	0.50	47.34	199.00	3.23	169.76
31	新疆	20.10	9.13	41.84	12.11	8.93	8.37	0.80	0.80	0.69	0.69	0.00	311.00	2.88	115.33

附表 2　基于 TOE 框架的多理论融合分析框架所构建的指标体系原始数据:沿黄河九省(区)

编号	行政区	技术因素			组织因素								环境因素		
		T1	T2	T3	O1	O2	O3	O4	O5	O6	O7	O8	E1	E2	E3
1	山西	24.86	14.22	44.51	11.97	46.54	33.62	4.44	1.09	0.00	0.00	0.00	480.00	3.44	231.69
2	山东	34.61	43.48	46.48	26.36	39.45	33.62	11.18	13.38	24.24	58.77	17.30	922.00	3.12	275.48
3	河南	29.86	27.10	48.67	23.77	38.16	53.54	1.50	3.84	12.49	31.40	0.50	699.00	3.10	402.28
4	四川	30.10	28.81	50.72	30.70	27.30	48.61	6.10	9.96	17.19	45.24	11.00	755.00	3.60	364.00
5	陕西	24.39	19.66	41.17	23.17	16.50	45.91	1.50	2.80	2.36	48.10	0.00	699.00	4.11	463.39
6	甘肃	20.99	6.35	42.36	9.53	26.48	26.09	0.70	3.43	3.35	0.00	2.00	290.00	3.33	316.21
7	青海	19.10	2.69	41.98	6.04	7.75	12.11	0.80	0.00	0.00	0.00	4.00	163.00	3.65	192.19
8	内蒙古	24.71	7.90	45.62	9.61	29.67	33.62	2.50	0.58	0.00	0.00	0.00	475.00	3.83	439.40
9	宁夏	20.86	3.56	46.47	5.70	15.49	17.21	2.10	7.65	13.49	47.34	0.50	199.00	3.23	169.76

附表 3　基于 TOE 框架的多理论融合分析框架所构建的

指标体系最大值标准化数据:全国范围

编号	行政区	技术因素			组织因素								环境因素		
		T1	T2	T3	O1	O2	O3	O4	O5	O6	O7	O8	E1	E2	E3
1	北京	1.000 0	1.000 0	0.960 2	0.408 1	0.239 8	1.000 0	0.277 9	0.302 9	0.706 4	0.618 5	0.434 8	0.842 5	0.776 8	0.249 5
2	天津	0.574 7	0.372 0	0.832 6	0.408 1	0.322 4	0.247 4	0.401 7	0.357 1	0.713 6	0.404 6	0.419 6	0.586 2	0.557 1	0.301 1
3	上海	0.795 1	0.616 9	0.996 4	0.408 1	0.335 4	0.749 9	0.811 9	1.000 0	0.877 8	0.953 8	0.783 4	0.814 5	0.508 9	0.360 1
4	重庆	0.570 3	0.296 0	0.851 4	0.691 1	0.309 4	0.275 5	0.329 6	0.316 1	0.391 8	0.323 7	0.454 1	0.482 9	0.868 7	0.740 8
5	河北	0.655 4	0.238 0	0.859 7	0.226 2	0.453 2	0.327 2	0.045 9	0.148 8	0.115 9	0.231 2	0.114 3	0.543 3	0.691 0	0.962 9
6	山西	0.519 9	0.210 6	0.798 8	0.627 9	0.676 3	0.191 5	0.291 0	0.072 1	0.000 0	0.000 0	0.000 0	0.419 9	0.736 3	0.492 8
7	辽宁	0.547 1	0.286 1	0.845 8	0.691 1	0.336 1	0.358 7	0.091 7	0.000 0	0.000 0	0.000 0	0.000 0	0.566 9	0.782 1	0.366 3
8	吉林	0.463 0	0.175 3	0.840 6	0.408 1	0.210 0	0.228 2	0.205 8	0.000 0	0.000 0	0.000 0	0.000 0	0.401 6	0.832 6	0.376 1

续表附表 3

编号	行政区	技术因素			组织因素							环境因素			
		T1	T2	T3	O1	O2	O3	O4	O5	O6	O7	O8	E1	E2	E3
9	黑龙江	0.471 4	0.151 2	0.821 8	0.560 1	0.077 0	0.225 8	0.078 6	0.043 0	0.069 0	0.121 4	0.000 0	0.392 0	0.843 0	0.239 2
10	江苏	0.766 0	0.766 6	0.947 8	0.805 8	0.396 7	0.620 0	0.091 7	0.127 0	0.043 3	0.393 1	0.463 3	0.909 9	0.739 8	0.634 3
11	浙江	0.752 8	0.606 2	0.994 8	1.000 0	0.408 3	0.592 6	1.000 0	0.918 0	1.000 0	0.988 4	0.471 0	0.805 8	0.914 3	0.776 4
12	安徽	0.532 0	0.399 7	0.930 4	0.691 0	0.535 3	0.326 4	0.224 8	0.337 3	0.065 4	0.115 6	0.000 0	0.629 0	0.764 4	0.953 7
13	福建	0.661 6	0.377 6	0.898 1	0.560 1	0.699 8	0.390 1	0.488 9	0.520 5	0.573 7	0.352 6	0.353 4	0.641 3	0.969 4	0.525 9
14	江西	0.541 6	0.232 8	0.852 3	0.750 1	0.443 2	0.240 6	0.478 4	0.297 6	0.445 3	0.358 4	0.571 5	0.487 3	0.957 9	1.000 0
15	山东	0.723 8	0.643 9	0.834 2	0.627 9	0.573 2	0.421 8	0.732 6	0.884 9	0.796 1	1.000 0	0.709 4	0.806 6	0.668 1	0.585 9
16	河南	0.624 0	0.401 2	0.873 5	1.000 0	0.554 5	0.380 3	0.098 3	0.254 0	0.410 2	0.028 9	0.379 1	0.611 5	0.664 5	0.855 6
17	湖北	0.631 3	0.434 3	0.881 2	0.858 2	0.372 7	0.449 4	0.330 3	0.111 1	0.006 2	0.000 0	0.000 0	0.639 5	0.924 4	0.852 8
18	湖南	0.559 4	0.321 5	0.836 3	0.805 8	0.282 3	0.291 0	0.052 4	0.213 6	0.004 6	0.086 7	0.412 4	0.565 2	0.945 0	0.904 0
19	广东	0.987 5	0.863 5	1.000 0	0.907 9	0.676 3	0.984 2	0.494 1	0.716 9	0.846 6	0.294 8	1.000 0	1.000 0	0.909 8	0.717 7
20	海南	0.455 7	0.092 8	0.843 1	0.408 1	0.239 8	0.115 8	0.303 4	0.305 6	0.118 6	0.358 4	0.406 6	0.426 1	1.000 0	0.205 6
21	四川	0.629 4	0.426 6	0.910 3	0.907 9	0.396 7	0.492 3	0.399 7	0.658 7	0.564 5	0.635 8	0.546 1	0.660 5	0.895 8	0.774 2
22	贵州	0.509 4	0.230 9	0.935 2	0.805 8	1.000 0	0.183 5	0.791 0	0.790 3	0.384 6	0.890 2	0.490 1	0.369 2	0.935 1	0.693 7
23	云南	0.443 5	0.161 6	0.833 3	0.321 4	0.239 8	0.215 7	0.078 6	0.000 0	0.000 0	0.000 0	0.000 0	0.341 2	0.976 7	0.486 8
24	陕西	0.510 0	0.291 1	0.738 7	0.857 5	0.239 8	0.370 7	0.098 3	0.185 2	0.077 5	0.000 0	0.580 6	0.611 5	0.881 2	0.985 6
25	甘肃	0.438 9	0.094 0	0.760 2	0.487 3	0.384 8	0.152 5	0.045 9	0.226 9	0.110 0	0.115 6	0.000 0	0.253 7	0.712 8	0.672 5
26	青海	0.399 4	0.039 0	0.753 4	0.226 2	0.112 6	0.096 6	0.052 4	0.000 0	0.000 0	0.231 2	0.000 0	0.142 6	0.781 1	0.408 7
27	内蒙古	0.516 7	0.117 0	0.817 8	0.627 9	0.431 1	0.153 8	0.163 8	0.038 4	0.000 0	0.000 0	0.000 0	0.415 6	0.821 8	0.934 5
28	广西	0.507 9	0.188 2	0.838 1	0.627 9	0.600 4	0.211 8	0.646 8	0.574 7	0.697 6	0.208 1	0.410 0	0.392 0	0.988 4	0.600 4
29	西藏	0.359 1	0.029 2	0.758 8	0.408 1	0.058 4	0.102 0	0.078 6	0.079 4	0.000 0	0.000 0	0.000 0	0.098 9	0.793 4	0.446 1
30	宁夏	0.436 2	0.052 7	0.834 0	0.321 4	0.225 1	0.091 2	0.137 6	0.506 9	0.443 0	0.028 9	0.571 5	0.174 1	0.691 6	0.361 1
31	新疆	0.420 3	0.135 2	0.750 9	0.226 2	0.129 8	0.133 9	0.052 4	0.052 9	0.022 7	0.039 9	0.000 0	0.272 1	0.617 0	0.245 3

附表 4　基于 TOE 框架的多理论融合分析框架所构建的指标体系最大值标准化数据（含 SMOTE 法过采样后的样本）：沿黄河九省（区）

编号	行政区	技术因素			组织因素							环境因素			
		T1	T2	T3	O1	O2	O3	O4	O5	O6	O7	O8	E1	E2	E3
1	山西	0.718 3	0.327 0	0.877 6	0.627 9	1.000 0	0.389 0	0.397 1	0.081 5	0.000 0	0.000 0	0.000 0	0.520 6	0.821 9	0.500 0
2	山东	1.000 0	1.000 0	0.916 4	0.627 9	0.847 7	0.856 7	1.000 0	1.000 0	1.000 0	1.000 0	1.000 0	1.000 0	0.745 8	0.594 5
3	河南	0.862 8	0.623 3	0.959 6	1.000 0	0.819 9	0.772 5	0.134 2	0.287 0	0.515 3	0.028 9	0.534 3	0.758 1	0.741 9	0.868 1

续表附表 **4**

编号	行政区	技术因素			组织因素							环境因素			
		T1	T2	T3	O1	O2	O3	O4	O5	O6	O7	O8	E1	E2	E3
4	四川	0.869 7	0.662 6	1.000 0	0.907 9	0.586 6	1.000 0	0.545 6	0.744 4	0.709 2	0.635 8	0.769 7	0.818 9	1.000 0	0.785 5
5	陕西	0.704 2	0.452 2	0.811 7	0.857 5	0.354 5	0.753 0	0.134 2	0.209 3	0.097 4	0.000 0	0.818 4	0.758 1	0.983 7	1.000 0
6	甘肃	0.606 5	0.146 0	0.835 2	0.487 3	0.569 0	0.309 7	0.062 6	0.256 4	0.138 2	0.115 6	0.000 0	0.314 5	0.795 8	0.682 4
7	青海	0.551 9	0.061 9	0.827 7	0.226 2	0.166 5	0.196 3	0.071 6	0.000 0	0.000 0	0.231 2	0.000 0	0.176 8	0.872 0	0.414 7
8	内蒙古	0.714 0	0.181 7	0.899 4	0.627 9	0.637 5	0.312 3	0.223 6	0.043 3	0.000 0	0.000 0	0.000 0	0.515 2	0.917 4	0.948 2
9	宁夏	0.602 7	0.081 9	0.916 2	0.321 4	0.332 8	0.185 2	0.187 8	0.571 7	0.556 5	0.028 9	0.805 5	0.215 8	0.772 0	0.366 3
10	SMOTE1	0.590 0	0.120 5	0.832 9	0.408 2	0.447 1	0.275 4	0.065 3	0.178 8	0.096 4	0.150 6	0.000 0	0.272 8	0.818 9	0.601 3
11	SMOTE2	0.556 6	0.069 1	0.828 3	0.248 5	0.200 9	0.206 0	0.070 8	0.021 9	0.011 8	0.221 3	0.000 0	0.188 6	0.865 5	0.437 6
12	SMOTE3	0.635 2	0.200 0	0.882 9	0.492 3	0.339 7	0.366 2	0.170 7	0.456 2	0.410 1	0.019 7	0.809 6	0.388 7	0.839 5	0.568 3
13	SMOTE4	0.715 3	0.227 1	0.892 6	0.627 9	0.750 8	0.336 3	0.277 8	0.055 2	0.000 0	0.000 0	0.000 0	0.516 9	0.887 5	0.808 1
14	SMOTE5	0.743 4	0.269 1	0.911 3	0.701 6	0.673 6	0.403 4	0.205 9	0.091 5	0.102 0	0.005 7	0.105 7	0.563 3	0.882 7	0.932 3
15	SMOTE6	0.735 0	0.243 6	0.907 9	0.680 3	0.663 2	0.377 2	0.211 0	0.077 7	0.072 6	0.004 1	0.075 3	0.549 4	0.892 7	0.936 9
16	SMOTE7	0.711 2	0.392 7	0.843 0	0.748 4	0.661 3	0.580 0	0.259 2	0.148 6	0.051 1	0.000 0	0.429 4	0.645 2	0.906 8	0.762 4

附表 5 环境数据开放成效（O8）指标计算数据

编号	省级行政区	环境数据集数量	环境数据主题占比	环境数据覆盖比例	环境数据集数量标准化	环境数据主题占比标准化	环境数据覆盖比例标准化	最终得分
1	北京	302	0.050 0	0.024 2	0.219 0	0.600 2	0.131 9	36.02
2	天津	91	0.047 6	0.053 4	0.066 0	0.571 4	0.291 0	34.76
3	上海	522	0.076 9	0.092 1	0.378 5	0.923 2	0.501 9	64.90
4	重庆	8	0.058 8	0.045 2	0.005 8	0.705 9	0.246 3	37.61
5	河北	1	0.000 0	0.062 5	0.000 7	0.000 0	0.340 6	9.47
6	山西	0	0.000 0	0.000 0	0.000 0	0.000 0	0.000 0	0.00
7	辽宁	0	0.000 0	0.000 0	0.000 0	0.000 0	0.000 0	0.00
8	吉林	0	0.000 0	0.000 0	0.000 0	0.000 0	0.000 0	0.00
9	黑龙江	0	0.000 0	0.000 0	0.000 0	0.000 0	0.000 0	0.00
10	江苏	30	0.050 0	0.077 5	0.021 8	0.600 2	0.422 3	38.38
11	浙江	104	0.045 5	0.087 0	0.075 4	0.546 2	0.474 1	39.02
12	安徽	0	0.000 0	0.000 0	0.000 0	0.000 0	0.000 0	0.00
13	福建	168	0.033 3	0.055 7	0.121 8	0.399 8	0.303 5	29.28
14	江西	2	0.083 3	0.026 0	0.001 5	1.000 0	0.141 7	47.34

续表附表 5

编号	省级行政区	环境数据集数量	环境数据主题占比	环境数据覆盖比例	环境数据集数量标准化	环境数据主题占比标准化	环境数据覆盖比例标准化	最终得分
15	山东	174	0.052 6	0.183 5	0.126 2	0.631 5	1.000 0	58.77
16	河南	37	0.045 5	0.045 9	0.026 8	0.546 2	0.250 1	31.40
17	湖北	0	0.000 0	0.000 0	0.000 0	0.000 0	0.000 0	0.00
18	湖南	15	0.055 6	0.032 4	0.010 9	0.667 5	0.176 6	34.16
19	广东	1 379	0.083 3	0.070 0	1.000 0	1.000 0	0.381 5	82.84
20	海南	62	0.043 5	0.064 4	0.045 0	0.522 2	0.351 0	33.68
21	四川	610	0.045 5	0.058 0	0.442 3	0.546 2	0.316 1	45.24
22	贵州	531	0.045 5	0.038 3	0.385 1	0.546 2	0.208 7	40.60
23	云南	0	0.000 0	0.000 0	0.000 0	0.000 0	0.000 0	0.00
24	陕西	7	0.083 3	0.030 3	0.005 1	1.000 0	0.165 1	48.10
25	甘肃	0	0.000 0	0.000 0	0.000 0	0.000 0	0.000 0	0.00
26	青海	0	0.000 0	0.000 0	0.000 0	0.000 0	0.000 0	0.00
27	内蒙古	0	0.000 0	0.000 0	0.000 0	0.000 0	0.000 0	0.00
28	广西	264	0.041 7	0.044 5	0.191 4	0.500 6	0.242 5	33.97
29	西藏	0	0.000 0	0.000 0	0.000 0	0.000 0	0.000 0	0.00
30	宁夏	2	0.083 3	0.026 0	0.001 5	1.000 0	0.141 7	47.34
31	新疆	0	0.000 0	0.000 0	0.000 0	0.000 0	0.000 0	0.00
Critic 权重指标	Critic 权重				0.288 9	0.433 7	0.277 4	—
	指标变异性				0.208 0	0.376 0	0.221 0	
	指标冲突性				1.177 0	0.980 0	1.066 0	
	信息量				0.245 0	0.368 0	0.235 0	

附表 6　生态环境治理成效(E2)指标计算数据

编号	省级行政区	一类 EQI 得分 5 分县域数量	二类 EQI 得分 4 分县域数量	三类 EQI 得分 3 分县域数量	四类 EQI 得分 2 分县域数量	五类 EQI 得分 1 分县域数量	总分	平均分
1	北京	3	4	9	0	0	58	3.63
2	天津	0	2	5	8	0	39	2.60
3	上海	0	1	4	11	0	38	2.38
4	重庆	7	25	5	0	0	150	4.05
5	河北	7	47	165	6	2	732	3.22

续表附表6

编号	省级行政区	一类 EQI 得分5分 县域数量	二类 EQI 得分4分 县域数量	三类 EQI 得分3分 县域数量	四类 EQI 得分2分 县域数量	五类 EQI 得分1分 县域数量	总分	平均分
6	山西	2	53	56	6	0	402	3.44
7	辽宁	14	52	19	15	0	365	3.65
8	吉林	20	19	17	5	0	237	3.89
9	黑龙江	28	63	24	6	0	476	3.93
10	江苏	0	48	42	5	0	328	3.45
11	浙江	42	30	18	0	0	384	4.27
12	安徽	21	28	44	11	0	371	3.57
13	福建	59	13	9	3	0	380	4.52
14	江西	64	26	3	7	0	447	4.47
15	山东	0	36	80	20	0	424	3.12
16	河南	5	22	115	16	0	490	3.10
17	湖北	54	30	14	4	0	440	4.31
18	湖南	67	41	11	3	0	538	4.41
19	广东	65	27	25	5	0	518	4.25
20	海南	10	5	0	0	0	70	4.67
21	四川	73	76	28	6	0	765	4.18
22	贵州	37	46	5	0	0	384	4.36
23	云南	76	49	4	0	0	588	4.56
24	陕西	47	32	21	7	0	440	4.11
25	甘肃	5	36	44	12	1	326	3.33
26	青海	0	22	7	2	0	113	3.65
27	内蒙古	23	44	32	4	0	395	3.83
28	广西	79	21	11	0	0	512	4.61
29	西藏	7	39	27	1	0	274	3.70
30	宁夏	1	6	12	3	0	71	3.23
31	新疆	0	14	54	21	2	262	2.88

附表7 府际治理压力（E3）指标中省级行政区向外释放压力计算数据

行政区	E1 指标标准化分值	E2 指标标准化分值	向外释放压力基础值	向外释放压力等比放大（最终得分）
北京	0.842 5	0.776 8	0.818 4	81.84
天津	0.586 2	0.557 1	0.575 5	57.55
上海	0.814 5	0.508 9	0.702 3	70.23
重庆	0.482 9	0.868 7	0.624 6	62.46
河北	0.543 3	0.691 0	0.597 5	59.75
山西	0.419 9	0.736 3	0.536 1	53.61
辽宁	0.566 9	0.782 1	0.646 0	64.60
吉林	0.401 6	0.832 6	0.559 8	55.98
黑龙江	0.392 0	0.843 0	0.557 6	55.76
江苏	0.909 9	0.739 8	0.847 4	84.74
浙江	0.805 8	0.914 3	0.845 6	84.56
安徽	0.629 0	0.764 4	0.678 8	67.88
福建	0.641 3	0.969 4	0.761 8	76.18
江西	0.487 3	0.957 9	0.660 1	66.01
山东	0.806 6	0.668 1	0.755 8	75.58
河南	0.611 5	0.664 6	0.631 0	63.10
湖北	0.639 5	0.924 4	0.744 1	74.41
湖南	0.565 2	0.945 0	0.704 6	70.46
广东	1.000 0	0.909 8	0.966 9	96.69
海南	0.426 1	1.000 0	0.636 8	63.68
四川	0.660 5	0.895 8	0.746 9	74.69
贵州	0.369 2	0.935 1	0.577 0	57.70
云南	0.341 2	0.976 7	0.574 6	57.46
陕西	0.611 5	0.881 2	0.710 6	71.06
甘肃	0.253 7	0.712 8	0.422 3	42.23
青海	0.142 6	0.781 1	0.377 1	37.71
内蒙古	0.415 6	0.821 8	0.564 7	56.47
广西	0.392 0	0.988 4	0.611 0	61.10
西藏	0.098 9	0.793 4	0.353 9	35.39
宁夏	0.174 1	0.691 6	0.364 1	36.41
新疆	0.272 1	0.617 0	0.398 7	39.87

续表附表7

行政区	E1 指标标准化分值	E2 指标标准化分值	向外释放压力基础值	向外释放压力等比放大（最终得分）
CRITIC 权重	0.632 8	0.367 2	—	
指标变异性	0.226 0	0.131 0		
指标冲突性	1.040 0	1.040 0		
指标信息量	0.235 0	0.136 0		

附表8　府际治理压力（E3）指标计算数据（1/2）

区划	释放的压力值	接壤数	北京	天津	上海	重庆	河北	山西	辽宁	吉林	黑龙江	江苏	浙江	安徽	福建	江西	山东
北京	81.84	2	0.00	57.55	0.00	0.00	59.75	0.00	0.00	0.00	0.00	0.00	0.00	0.00	0.00	0.00	0.00
天津	57.55	2	81.84	0.00	0.00	0.00	59.75	0.00	0.00	0.00	0.00	0.00	0.00	0.00	0.00	0.00	0.00
上海	70.23	2	0.00	0.00	0.00	0.00	0.00	0.00	0.00	0.00	0.00	84.74	84.56	0.00	0.00	0.00	0.00
重庆	62.46	5	0.00	0.00	0.00	0.00	0.00	0.00	0.00	0.00	0.00	0.00	0.00	0.00	0.00	0.00	0.00
河北	59.75	7	81.84	57.55	0.00	0.00	0.00	53.61	64.60	0.00	0.00	0.00	0.00	0.00	0.00	0.00	75.58
山西	53.61	4	0.00	0.00	0.00	0.00	59.75	0.00	0.00	0.00	0.00	0.00	0.00	0.00	0.00	0.00	0.00
辽宁	64.60	3	0.00	0.00	0.00	0.00	59.75	0.00	0.00	55.98	0.00	0.00	0.00	0.00	0.00	0.00	0.00
吉林	55.98	3	0.00	0.00	0.00	0.00	0.00	0.00	64.60	0.00	55.76	0.00	0.00	0.00	0.00	0.00	0.00
黑龙江	55.76	2	0.00	0.00	0.00	0.00	0.00	0.00	0.00	55.98	0.00	0.00	0.00	0.00	0.00	0.00	0.00
江苏	84.74	4	0.00	0.00	70.23	0.00	0.00	0.00	0.00	0.00	0.00	0.00	84.56	67.88	0.00	0.00	75.58
浙江	84.56	5	0.00	0.00	70.23	0.00	0.00	0.00	0.00	0.00	0.00	84.74	0.00	67.88	76.18	66.01	0.00
安徽	67.88	6	0.00	0.00	0.00	0.00	0.00	0.00	0.00	0.00	0.00	84.74	84.56	0.00	0.00	66.01	75.58
福建	76.18	3	0.00	0.00	0.00	0.00	0.00	0.00	0.00	0.00	0.00	0.00	84.56	0.00	0.00	66.01	0.00
江西	66.01	6	0.00	0.00	0.00	0.00	0.00	0.00	0.00	0.00	0.00	0.00	84.56	67.88	76.18	0.00	0.00
山东	75.58	4	0.00	0.00	0.00	0.00	59.75	0.00	0.00	0.00	0.00	84.74	0.00	67.88	0.00	0.00	0.00
河南	63.10	6	0.00	0.00	0.00	0.00	59.75	53.61	0.00	0.00	0.00	0.00	0.00	67.88	0.00	0.00	75.58
湖北	74.41	6	0.00	0.00	0.00	62.46	0.00	0.00	0.00	0.00	0.00	0.00	0.00	67.88	0.00	66.01	0.00
湖南	70.46	6	0.00	0.00	0.00	62.46	0.00	0.00	0.00	0.00	0.00	0.00	0.00	0.00	0.00	66.01	0.00
广东	96.69	6	0.00	0.00	0.00	0.00	0.00	0.00	0.00	0.00	0.00	0.00	0.00	0.00	76.18	66.01	0.00
海南	63.68	1	0.00	0.00	0.00	0.00	0.00	0.00	0.00	0.00	0.00	0.00	0.00	0.00	0.00	0.00	0.00
四川	74.69	7	0.00	0.00	0.00	62.46	0.00	0.00	0.00	0.00	0.00	0.00	0.00	0.00	0.00	0.00	0.00
贵州	57.70	5	0.00	0.00	0.00	62.46	0.00	0.00	0.00	0.00	0.00	0.00	0.00	0.00	0.00	0.00	0.00
云南	57.46	4	0.00	0.00	0.00	0.00	0.00	0.00	0.00	0.00	0.00	0.00	0.00	0.00	0.00	0.00	0.00
陕西	71.06	8	0.00	0.00	0.00	62.46	0.00	53.61	0.00	0.00	0.00	0.00	0.00	0.00	0.00	0.00	0.00

续表附表8

区划	释放的压力值	接壤数	北京	天津	上海	重庆	河北	山西	辽宁	吉林	黑龙江	江苏	浙江	安徽	福建	江西	山东
甘肃	42.23	6	0.00	0.00	0.00	0.00	0.00	0.00	0.00	0.00	0.00	0.00	0.00	0.00	0.00	0.00	0.00
青海	37.71	4	0.00	0.00	0.00	0.00	0.00	0.00	0.00	0.00	0.00	0.00	0.00	0.00	0.00	0.00	0.00
内蒙古	56.47	8	0.00	0.00	0.00	0.00	59.75	53.61	64.60	55.98	55.76	0.00	0.00	0.00	0.00	0.00	0.00
广西	61.10	4	0.00	0.00	0.00	0.00	0.00	0.00	0.00	0.00	0.00	0.00	0.00	0.00	0.00	0.00	0.00
西藏	35.39	4	0.00	0.00	0.00	0.00	0.00	0.00	0.00	0.00	0.00	0.00	0.00	0.00	0.00	0.00	0.00
宁夏	36.41	3	0.00	0.00	0.00	0.00	0.00	0.00	0.00	0.00	0.00	0.00	0.00	0.00	0.00	0.00	0.00
新疆	39.87	3	0.00	0.00	0.00	0.00	0.00	0.00	0.00	0.00	0.00	0.00	0.00	0.00	0.00	0.00	0.00

附表9 府际治理压力(E3)指标计算数据(2/2)

区划	释放的压力值	河南	湖北	湖南	广东	海南	四川	贵州	云南	陕西	甘肃	青海	内蒙古	广西	西藏	宁夏	新疆	接收压力
北京	81.84	0.00	0.00	0.00	0.00	0.00	0.00	0.00	0.00	0.00	0.00	0.00	0.00	0.00	0.00	0.00	0.00	117.31
天津	57.55	0.00	0.00	0.00	0.00	0.00	0.00	0.00	0.00	0.00	0.00	0.00	0.00	0.00	0.00	0.00	0.00	141.59
上海	70.23	0.00	0.00	0.00	0.00	0.00	0.00	0.00	0.00	0.00	0.00	0.00	0.00	0.00	0.00	0.00	0.00	169.31
重庆	62.46	0.00	74.41	70.46	0.00	0.00	74.69	57.70	0.00	71.06	0.00	0.00	0.00	0.00	0.00	0.00	0.00	348.32
河北	59.75	63.10	0.00	0.00	0.00	0.00	0.00	0.00	0.00	0.00	0.00	0.00	56.47	0.00	0.00	0.00	0.00	452.75
山西	53.61	63.10	0.00	0.00	0.00	0.00	0.00	0.00	0.00	52.36	0.00	0.00	56.47	0.00	0.00	0.00	0.00	231.69
辽宁	64.60	0.00	0.00	0.00	0.00	0.00	0.00	0.00	0.00	0.00	0.00	0.00	56.47	0.00	0.00	0.00	0.00	172.21
吉林	55.98	0.00	0.00	0.00	0.00	0.00	0.00	0.00	0.00	0.00	0.00	0.00	56.47	0.00	0.00	0.00	0.00	176.83
黑龙江	55.76	0.00	0.00	0.00	0.00	0.00	0.00	0.00	0.00	0.00	0.00	0.00	56.47	0.00	0.00	0.00	0.00	112.46
江苏	84.74	0.00	0.00	0.00	0.00	0.00	0.00	0.00	0.00	0.00	0.00	0.00	0.00	0.00	0.00	0.00	0.00	298.24
浙江	84.56	0.00	0.00	0.00	0.00	0.00	0.00	0.00	0.00	0.00	0.00	0.00	0.00	0.00	0.00	0.00	0.00	365.04
安徽	67.88	63.10	74.41	0.00	0.00	0.00	0.00	0.00	0.00	0.00	0.00	0.00	0.00	0.00	0.00	0.00	0.00	448.41
福建	76.18	0.00	0.00	0.00	96.69	0.00	0.00	0.00	0.00	0.00	0.00	0.00	0.00	0.00	0.00	0.00	0.00	247.26
江西	66.01	0.00	74.41	70.46	96.69	0.00	0.00	0.00	0.00	0.00	0.00	0.00	0.00	0.00	0.00	0.00	0.00	470.18
山东	75.58	63.10	0.00	0.00	0.00	0.00	0.00	0.00	0.00	0.00	0.00	0.00	0.00	0.00	0.00	0.00	0.00	275.48
河南	63.10	0.00	74.41	0.00	0.00	0.00	0.00	0.00	0.00	71.06	0.00	0.00	0.00	0.00	0.00	0.00	0.00	402.28
湖北	74.41	63.10	0.00	70.46	0.00	0.00	0.00	0.00	0.00	71.06	0.00	0.00	0.00	0.00	0.00	0.00	0.00	400.97
湖南	70.46	0.00	74.41	0.00	96.69	0.00	0.00	57.70	0.00	6.66	0.00	0.00	0.00	61.10	0.00	0.00	0.00	425.03
广东	96.69	0.00	0.00	70.46	0.00	63.68	0.00	0.00	0.00	0.00	0.00	0.00	0.00	61.10	0.00	0.00	0.00	337.43
海南	63.68	0.00	0.00	0.00	96.69	0.00	0.00	0.00	0.00	0.00	0.00	0.00	0.00	0.00	0.00	0.00	0.00	96.69

续表附表9

区划	释放的压力值	河南	湖北	湖南	广东	海南	四川	贵州	云南	陕西	甘肃	青海	内蒙古	广西	西藏	宁夏	新疆	接收压力
四川	74.69	0.00	0.00	0.00	0.00	0.00	0.00	57.70	57.46	71.06	42.23	37.71	0.00	0.00	35.39	0.00	0.00	364.00
贵州	57.70	0.00	0.00	70.46	0.00	0.00	74.69	0.00	57.46	0.00	0.00	0.00	0.00	61.10	0.00	0.00	0.00	326.17
云南	57.46	0.00	0.00	0.00	0.00	0.00	74.69	57.70	0.00	0.00	0.00	0.00	0.00	61.10	35.39	0.00	0.00	228.88
陕西	71.06	63.10	74.41	0.00	0.00	0.00	74.69	0.00	0.00	0.00	42.23	0.00	56.47	0.00	0.00	36.41	0.00	463.39
甘肃	42.23	0.00	0.00	0.00	0.00	0.00	74.69	0.00	0.00	71.06	0.00	37.71	56.47	0.00	0.00	36.41	39.87	316.21
青海	37.71	0.00	0.00	0.00	0.00	0.00	74.69	0.00	0.00	0.00	42.23	0.00	0.00	0.00	35.39	0.00	39.87	192.19
内蒙古	56.47	0.00	0.00	0.00	0.00	0.00	0.00	0.00	0.00	71.06	42.23	0.00	0.00	0.00	0.00	36.41	0.00	439.40
广西	61.10	0.00	0.00	70.46	96.69	0.00	0.00	57.70	57.46	0.00	0.00	0.00	0.00	0.00	0.00	0.00	0.00	282.31
西藏	35.39	0.00	0.00	0.00	0.00	0.00	74.69	0.00	57.46	0.00	0.00	37.71	0.00	0.00	0.00	0.00	39.87	209.73
宁夏	36.41	0.00	0.00	0.00	0.00	0.00	0.00	0.00	0.00	71.06	42.23	0.00	56.47	0.00	0.00	0.00	0.00	169.76
新疆	39.87	0.00	0.00	0.00	0.00	0.0	0.00	0.00	0.00	0.00	42.23	37.71	0.00	0.00	35.39	0.00	0.00	115.33

后　记

本书是作者承担的第 64 批中国博士后科学基金面上一等资助项目（2018M640748）和陕西高校第三批"青年杰出人才支持计划"（陕教工〔2019〕95 号）的重要研究成果,本书的出版得到了上述项目经费的资助。

长期以来,我国生态环境治理奉行属地治理原则,各级地方政府要承担对所辖区域内的生态环境保护和治理任务,但环境污染的跨区域性致使属地治理模式已然不能适应当前跨域治理的需要,协同治理已成为跨域生态环境治理的必然选择。如何实现跨域生态环境协同治理? 其重要条件就是要实现生态环境信息资源的开放共享。环境数据的开放共享不仅可以提高生态环境数据的利用效率,还可以在各级各类治理主体之间形成良性循环,是突破生态环境治理过程中各治理主体间协同困境的有效手段。我们应该充分认识生态环境数据开放共享的价值功能,在准确把握生态环境数据开放共享影响因素及其作用机制的基础上,积极完善生态环境数据开放共享的有效治理路径,特别要关注生态环境数据共享驱动下的新型治理变革和传统治理实践之间的对接路径问题,进而形成基于数据开放共享的跨域生态环境协同治理机制,这对于跨域生态环境协同治理目标的实现和治理绩效的持续提升必然具有重大现实意义。

当前,随着新一代信息技术的快速发展,信息化和数字化成为社会发展的必然趋势。习近平总书记多次强调"要运用大数据提升国家治理的现代化水平"。2018 年生态环境部审议通过的《2018—2020 年生态环境信息化建设方案》中提出,要建设生态环境大数据、大平台、大系统,形成生态环境信息"一张图"。大数据时代,数据成为国家重要的战略资源,数据的价值在生态环境治理中的作用尤为突出。随着大数据技术在生态环境治理领域应用的不断深入,新一代信息技术对环境数据管理的影响也越来越大,充分发挥信息技术的作用,有效克服治理中的"数据鸿沟"是跨域生态环境治理的重要趋势。实施环境数据共享不仅是跨域生态环境治理信息化建设的重要内容,更是进一步强化数字赋能深度,实现跨域生态环境治理整体统筹、高度协作的必然选择。

近年来,我们团队一直高度关注生态环境政策与跨域环境治理方面的研究,这本即将出版的专著《跨域生态环境协同治理信息资源开放共享机制与政策路径研究——以沿黄河九省(区)跨域生态治理为例》是关于跨域生态环境治理研究的跨学科研究成果,实现了传统公共管理学科研究范式与数据科学、系统工程等自然科学方法的有机结合。跨学科理论与方法的结合与应用,给跨域生态环境信息资源开放共享机制的构建提供了新的科学视角。本书的框架和章节结构几经酝酿,反复讨论,本书的最终完成是团队集体智慧和努力的成果。本书合作者宋兆祥博士善于思考,具有跨学科学习背景,掌握多元分析工具与方法,在本书的框架设计、模型建构和数据分析中作出了主要贡献,体现出很强的科研创新能力。本书的另一位合作者张雯女士现任职于北京宇信科技集团股份有限公司,担任大数据分析中级开发工程师,在本书的完成中承担了大量的数据收集、处理与可视化分析工作。此外,西北大学公共管理专业博士研究生王伟伟、行政管理专业硕士研究生张盼也在本书资料收集等方面作出贡献,西北大学公共管理专业硕士研究生谭筱波承担了对全书的文字校对工作。

本书是我们在跨域生态环境治理研究中的一项新成果,但碍于作者水平有限,难免存在许多谬误和不当之处,恳请同行专家批评指正。希望本书的出版能起到"抛砖引玉"之效果,迎来更多专家学者对该领域的关注和产出更加丰富的高质量研究成果。

司林波

2022 年 7 月